세상은 온통 화학이야

세상은 온통 화학이야

마이 티 응우옌 킴 지음
배명자 옮김
김민경 한양대 교수 감수

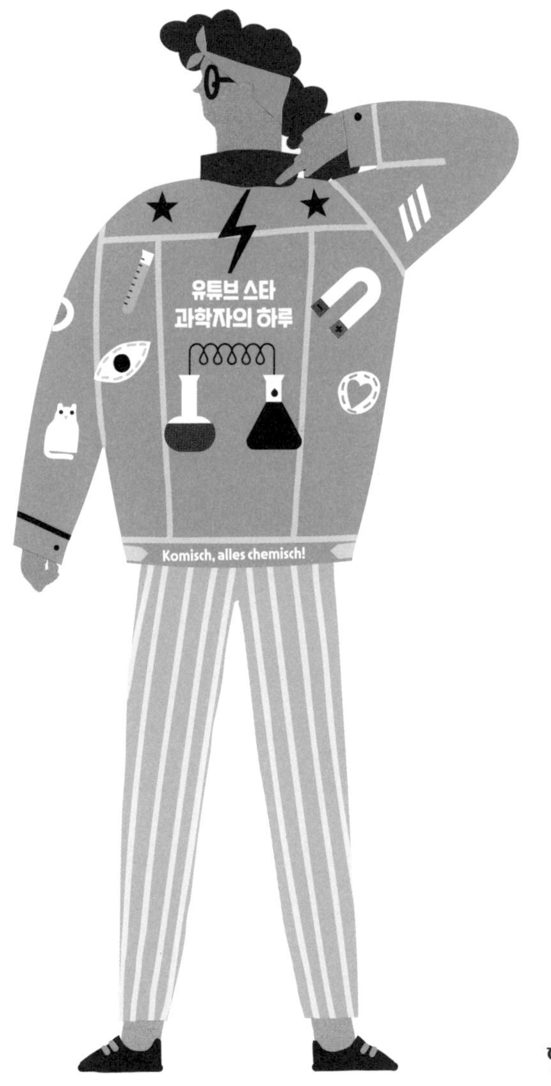

한국경제신문

엄마에게 바칩니다

나의 엄마와 아빠는 이 세상에서 가장 자애로운 부모다. 나는 원래 최상급을 잘 안 쓰는데, 부모님에 대해서라면 넘치게 쓰고 싶다. 두 분은 최고의 팀워크로 세상에 맞서 싸웠고, 나와 오빠에게 더 나은 삶을 선물하기 위해 최선을 다했다. 편안하고 낯익은 환경을 뒤로하고 우리를 위해 낯선 타국에 새로운 보금자리를 마련했으며, 우리 남매는 그 선물을 지금까지 누리고 있다.

이 책에서 나는 아빠 이야길 많이 했다. 멋진 아버지이자 남편이고, 나와 오빠에게 많은 영감을 주어 우리까지 화학자로 만든 훌륭한 화학자라고. 그러나 이 책은 엄마에게 바치고 싶다. 엄마는 큰 사랑과 헌신으로 나와 오빠를 보살펴주었으며, 내게 가장 많은 영향을 끼친 사람이다. 엄마는 매일 나를 안아주고 응원해주고 지지해주었다. 엄마의 결단력과 오랜 고군분투 덕분에 나는 지금의 나로 존재하게 됐다. 엄마가 없었더라면 이 책도 나오지 못했을 것이다. 그러니 이 책을 읽고 고마움을 표하고 싶거든 우리 엄마에게 해주기 바란다.

프롤로그

화학으로 뭘 할 수 있냐고? 뭐든 다!

나는 아주 못생긴 아기였다. 신생아 때 황달을 앓았고, 제대로 먹거나 마시지도 못했다. 근심이 컸던 부모님은 내게 가능한 한 많이 먹이려고 최선을 다했는데, 내가 이미 건강해진 후에도 두 분의 노력은 계속됐다. 그래서 나는 젠장, 뚱뚱하고 못생긴 아기가 됐다! 사진으로 남아 있는 나의 아기 때 헤어스타일은 비대칭 탈모가 진행된 할아버지를 연상시킨다. 그런데도 부모님에게는 당연히 세상에서 가장 예쁜 아기였다.

화학자로서 나는 때때로, 나와 화학의 관계가 엄마와 못생긴 아기의 관계랑 똑같다는 생각을 한다. 못생긴 아기도 엄마 눈에는 한없이 예뻐 보이는 것처럼, 까탈스럽다고 소문난 화학이라는 아기가 내 눈에는 매력적으로만 보인다. 사람들은 보통 화학 하면 고약하거나 독하거나 인공적이라는 이미지를 떠올린다. 학교 교과과정 중 선택 과목에서 제일 먼저 탈락하는 미움받는 과목이기도 하다. 이런 사람들에게 나의 아기를 예쁘게 소개하는 일은 엄청난 미션이며, 그 자체로 하나의 학문이라 할 만하다.

나의 미션을 위한 최상의 조건은 상대가 화학에 대해 아무것도 모르는 것이다. 그런 사람들에게 화학 아기를 소개하면 대개는 눈을 크게 뜨고 당혹스러워하는 얼굴로 묻는다. “화학으로 뭘 할 수 있는데?”

그럴 때면 나는 상대방의 어깨를 움켜쥐고 마구 흔들며 열정적으로 외치고 싶어진다.

“뭐든 다!! 모든 게 화학이야!!”

예를 들어, 내가 제일 처음 접한 화학은 맛있는 음식이었다. 아빠는 화학자이면서 훌륭한 요리사인데, 아빠 말로는 모든 화학자가 요리를 잘할 수 있단다. 그러니까 요리를 못하는 사람은 훌륭한 화학자가 될 수 없다는 말이다. 나는 열세 살부터 화장에 관심을 가지기 시작했는데, 그때도 아빠는 화장품에 대해 화학으로 설명해주었다. 색소가 어떻게 생겼는지, 헤어스프레이가 어떻게 기능하는지, 로션의 pH 농도까지. 나에게 화학은 어려서부터 삶과 일상의 일부였다.

대학에서 화학을 전공한 이후로 나는 정말이지 구제 불능이 됐다. 커피 마실 때, 양치질할 때, 운동할 때 나는 아데노신 수용체, 불소, 신진대사 효소를 생각한다. 햇살을 받으며 산책할 때는 멜라닌과 비타민 D를 생각하고, 국수를 삶으면서는 끓는점과 녹말 고분자를 생각한다. 그리고 나는 요리를 꽤 잘

한다. 안 그러면 훌륭한 화학자가 아닐 테니까.

사람들은 화학 자체만이 아니라 화학을 직업으로 가진 사람에 대해서도 고정관념을 갖고 있다.

"전혀 화학자 같지 않아요." 나는 이런 소리를 자주 듣는다. 시트콤 〈빅뱅 이론〉이 인기를 얻은 덕분에 우리 과학 괴짜들도 그럭저럭 받아들일 만한 사회적 존재가 됐지만, 전문성과 사회성을 전혀 다른 범주로 여기는 고정관념이 아직도 널리 퍼져 있다. 화학에 관한 고정관념은 우리 과학자들이 맞서 싸워야 하는 수많은 고정관념 중 하나에 불과하다. 과학자는 실험실에서 또는 책더미 속에서 생활하는 드러나지 않는 존재로 여겨진다. 우리가 어떻게 생겼는지, 우리에게 취미가 있는지 심지어 친구가 있는지 등에 대해서는 아예 생각조차 하지 않는다.

박사학위 논문을 쓰는 동안 나는 우리 과학자들의 비밀을 폭로하기로 마음먹었다. 그래서 유튜브 채널 '과학자들의 은밀한 삶(The Secret Life Of Scientists)'을 개설했다. 나는 동영상을 제작해 과학에 얼굴을 찾아주고 싶었다. 과학이 얼마나 쿨한지, 더 나아가 과학자들이 얼마나 쿨한지 똑똑히 보여주고 싶었다. 이 미션은 아주 복잡한 연구 프로젝트와 같고, 나는 지금도 여전히 미션을 수행하고 있다. 방송을 위해 '마이랩(maiLab)'이라는 유튜브 채널을 별도로 운영하고, 서부독일방송(WDR)의 〈크바르크스(Quarks)〉에서 사회도 맡고 있다.

그런데 왜 책까지 내는 거냐고? 정말로, 제대로, 맘껏 뛰어 놀고 싶기 때문이다. 이 책은 화학자로서 당신을 화학의 세계로 부르는 초대장이다. 과학 저널리스트이자 유튜버인 나의 하루를 따라가며 당신은 모든 곳에서 화학을 만나게 될 것이다. 이 책을 통해 한 번쯤 화학을 깊이 들여다보고, 거부할 수 없는 화학의 매력에 빠져보길 바란다. 책을 다 읽고 나면 당신은 정말로 세상이 온통 화학임을 깨닫게 될 것이다. 그리고 어쩌면 화학의 아름다움도 인정하게 되리라. 세상에! 얼른 다음 페이지를 보고 싶지 않은가?

세상은 온통 화학이야

차례

유튜브 스타
과학자의 하루
Komisch, alles chemisch!

1장

화학자가 아침을 시작하는 법

수면 리듬을 만드는 화학반응

띠디디딧, 띠디디딧, 띠디디딧!

너무 놀란 나머지 나는 하마터면 침대에서 떨어질 뻔했다. 심장이 터질 듯이 벌렁거렸다.

"마티아아아스!!"

분노의 비명을 지르고 싶었지만, 나의 음성 시스템이 아직 잠에서 미처 깨어나지 못했다. 비몽사몽과 육박전 태세가 기묘하게 섞인 자세로 남편 쪽으로 몸을 던져 핸드폰을 낚아채 극악무도한 알람을 서둘러 껐다. 젠장, 6시다. 아침 6시.

남편 마티아스에게는 아주 끔찍한 습관이 있다. 일주일에 적어도 이틀은 깜깜한 새벽에 일어나 조깅을 한다는 것이다. 문제는 그것 때문에 내가 늘 그보다 조금 일찍 잠을 깨야 한다는 데 있다. 나의 하루를 스트레스 호르몬과 함께 시작하지 않으려면 말이다.

나는 들릴락 말락 하는 잔잔한 음악으로 알람을 설정해놓는데, 심장을 벌렁거리며 잠에서 깨고 싶지 않기 때문이다. 반면 마티아스는 잠에서 깨려면 적어도 100데시벨로 귀를 때리는 '띠디디딧, 띠디디딧' 소리가 들려야 한다. 그래서 나는 보통 마티아스보다 1분 먼저 일어나도록 알람을 맞춰둔다. 정신을 가다듬은 뒤 스트레스와 대면하기 위해서다. 그런데 오늘은 마티아스가 운동할 계획이었다는 걸 전혀 몰랐다.

마티아스의 멜라토닌 수치를 낮추기 위해 나는 커튼을 열어젖혔다.

"흐으음." 여전히 잠이 덜 깬 상태로 남편이 웅얼거린다. 나 참, 기가 막혀서.

멜라토닌 분자는 뇌 중앙에 자리한 솔방울샘이라는 작은 내분비샘에서 생산되며, '수면 호르몬'이라는 사랑스러운 별명으로도 불린다. 이런 별명이 붙은 데에는 다 이유가 있다. 멜라토닌은 우리의 활동 일주기(circa dies) 리듬, 그러니까 수면-활동 생체리듬에서 중요한 역할을 한다. 멜라토닌 수치가 높을수록 우리는 더 피곤하다고 느낀다. 그러나 편리하게도 빛이 멜라토닌의 집결을 막아준다.

빛의 효력이 서서히 마티아스에게도 미치는 것 같다.

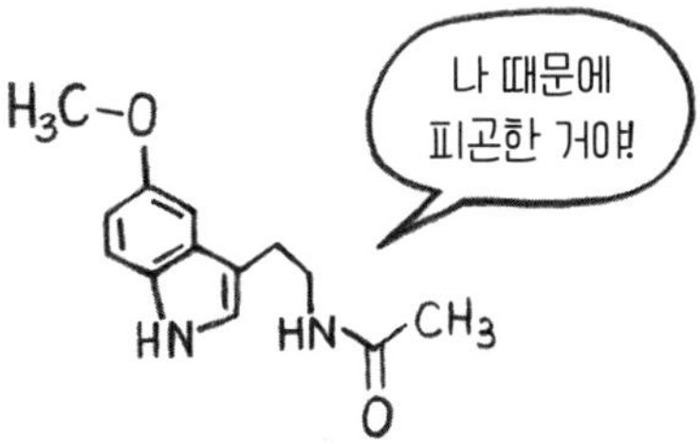

멜라토닌

우리 몸의 경보 시스템

나는 세상을 분자 차원에서 본다. 거의 강박에 가까운데, 나는 아름다운 강박이라고 생각한다. 강박장애(Obsessive Compulsive Disorder)라는 뜻의 OCD라는 용어가 있는데, 나는 단어 하나를 화학으로 바꿔 내가 강박성 화학 장애(Obsessive Chemical Disorder)를 앓고 있다고 생각하기도 한다. 비화학자들, 즉 분자에 대해 전혀 생각하지 않고 사는 보통 사람들을 보면 나는 정말로 슬프다. 그들은 자신이 뭘 놓치고 사는지 전혀 모른다. 이 세상의 모든 흥미진진한 것들은 결국 어떤 식으로든 화학과 관련이 있다. 그리고 무엇보다, 지금 이 글을 읽고 있는 당신도 결국 분자 더미다. 물론 분자에 대해 깊이 생각하는 화학자 역시 분자 더미다.

나의 아침을 분자 차원에서 보면 어떤 모습일까?
아침에 얼마나 잘 깨느냐는 특히 두 가지 분자에 달렸다. 잠에서 잘 깨려면 멜라토닌은 적어야 하고, 아침에 자동으로 분비되는 스트레스 호르몬인 **코르티솔**은 많아야 한다. '스트레스 호르몬'이라고 하니 스트레스를 줄 것처럼 들리지만, 적당한 양의 코르티솔은 정신을 차리고 활동을 시작하게 해준다. 우리 몸의 이런 친절한 특별 서비스에는 당연히 자명종이 필요치 않다. 오늘 아침의 '띠디디딧' 소리는 적당한 수준을 약간 넘었고, 내게 '투쟁-도주(fight or flight)' 반응을 불러일으켰다. 이 본능적인 반응은 목숨이 위협받는 긴박한 상황에 대비해 석기 시대부터 치밀하게 고안되고 보존되어온 비상 대책이다.

기본적으로 스트레스는 통증과 마찬가지로 환영할 만한 신체 반응이다. 통증은 뭔가 잘못됐다는 신호만 주지만, 스트레스는 우리의 목숨을 구한다. 석기 시대에 길을 가다가 검치호랑이와 맞닥뜨렸다고 상상해보라. 이때 몸이 즉시 스트레스 호르몬을 대량으로 분비하여 재빨리 반응하게 하지 않으면, 당신은 바보처럼 멍청히 서 있게 될 것이다! 재빠른 반응이란 창을 뽑아 들기(투쟁) 아니면 가까운 나무 위로 올라가기(도주) 중 하나다.

검치호랑이 역시 투쟁-도주 반응을 보였음이 확실하다. 석기 시대에 인간이 정말로 검치호랑이의 먹잇감에 속했는지는 지금까지 명확하게 밝혀지지 않았다. 여하튼 인간 역시 '맹수'였고, 그래서 인간과 검치호랑이의 만남은 서로를 존중하고 경계하는 두 맹수의 상봉이었을 것이다. 투쟁-도주 반응은 인류보다 더 오래됐고, 일종의 경보 시스템으로서 수많은 동물에게 내재해 있었다. 그렇다면 이 경보 시스템은 어떻게 작동될까? 당연히 분자를 통해 작동된다.

먼저 어떤 신호탄이 우리 몸 안에 잠복해 있는 분자를 깨워야 한다. 석기 시대 인간에게 검치호랑이가 신호탄이었다면,

오늘 아침 나에게는 마티아스의 알람 괴물이었다. 귀를 때리는 알람 소리에 신경 자극이 뇌에서 척수를 지나 부신까지 전달된다. 부신은 솔방울샘과 함께 우리 몸에서 가장 중요한 호르몬 공장에 속한다. 신경 자극을 전달받은 부신은 가장 잘 알려진 스트레스 호르몬인 **아드레날린**을 분비한다. 아드레날린은 즉시 혈류를 타고 여러 신체 기관으로 달려간다. 호르몬은 신경전달물질과 같다. 즉 중요한 메시지를 전달하는 분자로, 이 경우 메시지는 '패닉!'이다.

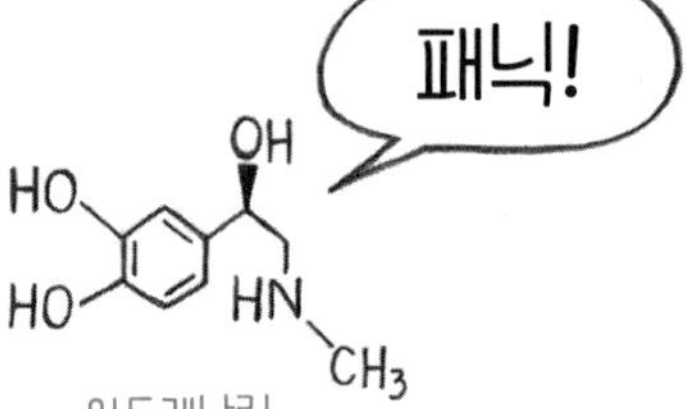

아드레날린

아드레날린이 재빨리 혈류를 타고 흐르다가 재빨리 다시 사라지는 동안, 또 다른 호르몬이 스트레스 전쟁을 위해 무장한다. **부신피질 자극 호르몬**(ACTH)은 뇌하수체에서 생산되어 역시 혈류를 타고 투쟁-도주 전투의 베이스캠프인 부신으로 향한다. 이 호르몬은 부신에 도달하자마자 일련의 화학반응에 동참한다.

이 과정을 영화의 전형적인 전투 장면으로 이야기할 수도 있다. 아드레날린 전령이 경보음을 울린 뒤, 부신피질 자극 호르몬 사령관이 불끈 쥔 주먹을 들어 올리며 공격을 명령하면, 부대가 진군하고 전투가 시작된다. 마지막으로 또 다른 스트레스 호르몬인 코르티솔이 혈류에 합세하여 여러 신체 기관으로 향한다.

호르몬은 수많은 신체 반응을 일으킬 수 있다. 특히 맥박 상승이나 근육의 혈액순환 강화(뛰어!), 소화계의 혈액순환 약화(전체 동작 그만! 더 급한 일부터 처리하라!), 심호흡, 동공 확장, 땀샘 폭발, 소름, 주의집중력 상승 등이 모두 '투쟁-도주 반응'에 속한다.

스트레스 호르몬이 분비됨으로써 일어나는 이 모든 신체 반응 때문에 나는 이제 당연히 잠에서 완전히 깼지만, 목숨이 위태롭다는 위기감은 좀처럼 가라앉지 않는다. 그렇다고 분자들을 비난할 수는 없다. 우리 몸은 생존하기 위해 갈고닦은 화학을 따를 뿐이니까. 가련한 스트레스 분자들은 마티아스의 알람 괴물이 전혀 위험하지 않다는 사실을 알지 못한다. 그저 우리를 돕기 위해 최선을 다할 뿐이다.

문제는 현대인의 삶이 스트레스로 가득하다는 점이다. 학교, 직장, 인간관계 등 뭐 하나 쉬운 게 없다. 더 중요한 것은 스트레스가 정말로 목숨을 위협한다는 사실이다. 당장 죽음에 이르는 건 아니지만, 만성 스트레스는 확실히 건강을 해친다. 다행스럽게도, 스트레스 시스템은 우리와 분자가 완전히 미치지 않도록 자체 진정 시스템을 마련해두었다. 그 덕에 몸이 완전히 흥분하여 패닉에 빠지는 일은 드물다. 이는 무엇보다 자제력을 가진 스트레스 호르몬, 코르티솔 덕분이다. 아드레날린은 혈류를 타고 세차게 흐르다가 재빨리 사라지지만 코르티솔은 시스템 안에 조금 더 오래 머물며 부신피질 자극 호르몬의 분비를 정지시키고, 그리하여 자기 자신의 생산도 중지되게 한다.

더 재우려는 멜라토닌, 잠을 깨우려는 코르티솔

화학적으로 완벽한 아침은 대략 다음과 같다. 내가 아직 비몽사몽일 때, 첫 번째 햇살이 나의 눈꺼풀을 통과하여 망막에 닿는다. 망막은 시신경을 통해 뇌와 연결되며, 뇌의 솔방울샘이 이제 수면 호르몬 멜라토닌의 생산을 중단한다. 솔방울샘이 이처럼 시신경과 간접적으로 연결되기 때문에 '제3의 눈'으로 불리기도 한다. 특히 양서류는 솔방울샘이 실제로 제3의 눈이나 마찬가지다. 솔방울샘이 직접적으로 빛을 감지하기 때문이다. 나의 멜라토닌 수치가 서서히 낮아지는 동안, 적당량의 코르티솔이 분비된다. 그러면 나는 자연스럽게 잠에서 깬다.

마티아스는 잠을 잘 때 놀라우리만치 빛에 예민하다. 그래서 꼭 안대를 하고 잔다. 그렇게 모든 빛을 차단하기 때문에 아침이 와도 멜라토닌 수치가 빨리 내려가지 않는다. 인공 빛이 그러는 것처럼 인공 어둠 역시 우리의 생체리듬에 혼란을 준다. 현대 생활에는 이 두 가지가 아주 많기에 우리의 내적 시계가 박자를 잃는다. 나는 마티아스가 안대만 벗어버리면 알람 괴물 따위는 필요치 않을 거라고 주장한다. 하지만 마티아스는 자신의 멜라토닌이 너무 예민하기 때문에 안대를 하지 않으면 숙면을 취할 수 없을 거라고 고집한다.

그런데 진짜 문제는, 어쩌면 멜라토닌이 수면 호르몬이 아닐지도 모른다는 사실이다. 예를 들어 야행성 동물들도 밤이 되면 멜라토닌 수치가 올라간다. 이런 경우에는 멜라토닌이 오히려 잠을 깨우는 '기상 호르몬'이다. 또한 실험용 쥐들은 유전자 변이 때문에 종종 멜라토닌을 생산하지 않는다. 그런데도 보통 쥐들과 똑같이 잠을 잔다. 엄청난 반전 아닌가!

그렇다면 멜라토닌이 우리를 피곤하게 만드는 주범 아닐까? 불면증이나 쉽게 잠들지 못하는 고질병에 멜라토닌 테라피가 도움이 된다는 연구 결과도 많지만, 수면 연구자들은 멜라토닌이 잠과 정확히 어떤 연관성을 가지는지 아직 의견 일치를 보지 못했다. 멜라토닌이 정말로 우리를 피곤하게 만드는지 어떤지가 아직 명확히 해명되지 않았으니, 마티아스와 나는 앞으로도 오래도록 안대를 놓고 서로 다른 주장을 할 것이다.

여기서 잠깐! 앞으로 이 책을 읽어가는 과정에서 한 가지를 기억하라고 당부하고 싶다. 과학을 이해하고자 한다면 간단한 대답을 찾으려는 마음부터 버려야 한다는 것이다. 약속하건대 과학적 사고는 세상을 더 까칠하게 만들지 않는다. 오히려 더 다채롭고 아름답게 만든다. 한마디로, 기적으로 가득한 세상을 만든다. 그러니 일단 멜라토닌을 '수면 호르몬'이 아니라 그냥 '밤 호르몬'이라 부르기로 하자. 밤 호르몬은 눈이 본 것을 몸에 번역해준다. '어두워졌다!'라고 말이다.

마티아스와 나의 멜라토닌 논쟁은 오래도록 계속될 것이고, 거기서 내가 이긴다면 마티아스의 눈에서 안대를 치우고 아침의 빛을 자연스레 접하게 할 수 있을 것이다. 하지만 참가자가 2명뿐인 실험은 통계적으로 인정받을 수가 없다. 그러니 우리가 할 수 있는 일이라곤 그저 토론뿐이다.

나는 부엌으로 가서 커피를 내린다. 첫 커피는 잠에서 깬 직후가 아니라 한 시간 뒤에 마시는 것이 가장 이상적이다. 신체가 자체 생산한 각성제, 즉 코르티솔이 침대에서 나올 때 이미 분비됐기 때문이다. 카페인이 하는 역할도 어차피 몸을 부추겨 코르티솔을 생산하도록 하는 것이다. 눈 뜨자마자 커피를 마시면 결국 아침 코르티솔에 커피 코르티솔을 더하는 것이니 이상적이라 할 수 없다. 그러나 다행스럽게도(또는 애석하게도) 몸은 그런 식으로 기능하지 않는다. 몸은 균형을 아주 좋아하기 때문이다. 시간이 흐름에 따라 몸은 자체적으로 아침 각성제 생산량을 줄임으로써 커피가 들어올 것에 대비한다. 그러므로 몸이 할 일을 하게 하려면, 자체 생산하는 코르티솔의 분비가 잔잔해질 때까지 한 시간 정도를 기다리는 것이 좋다. 자체 각성제가 효력을 잃을 때쯤 커피라는 각성제 한 잔을 추가하는 것이다.

그러나 지금 당장 나는 아침 코르티솔이 순식간에 바닥난 기분이라, 나를 덮친 피곤함을 없애기 위해 커피에 손을 뻗는다.

날씨가 아주 덥지 않다면, 당신도 커피나 차 또는 따끈한 음료 한 잔을 가져와 홀짝이며 다음 단락을 읽기를 권한다. 분자 차원에서 세상을 보기에 따끈한 음료보다 좋은 건 없으니까.

모닝커피 속 흥 폭발 입자 파티

김이 모락모락 나는 커피잔을 책상에 놓으면, 잔 밑의 책상도 따뜻해진다. 그리고 더 오래 기다리면, 커피는 차갑게 식는다. 따뜻했던 온기는 어디로 갔을까?

이 질문과 함께 우리는 벌써 내가 가장 좋아하는 주제로 성큼 들어왔다. 바로 **입자 모형**이다. 그다지 흥미롭게 들리지 않겠지만, 일단 기다려보시라. 이 상품에는 감탄 보증서가 들어 있다!

우주에 있는 모든 물질은 입자로 구성된다. 여기서 입자는 원자일 수도 있고 분자일 수도 있다. 입자 모형이라고는 하지만, 우리는 이 모형에서 입자의 생김새를 정확히 알 수는 없다. 대신 아주 심하게 단순화하여 관찰하는 것만으로도 세계를 놀랍도록 잘 묘사할 수 있다. 가령 나의 커피처럼.

커피를 마실 때, 사실 우리는 커피 입자를 마시는 것이다. 차를 마신다면 차 입자가 될 테고, 어떤 음료를 마시든 그 음료의 입자를 마신다. 이런 입자를, 맨눈으로는 볼 수 없는 작은 구슬이라고 상상해보자. 실제로 커피는 다량의 물 분자와 약간의 카페인 그리고 향 물질 같은 몇몇 분자로 이루어져 있다. 이 입자들은 끊임없이 움직인다. 비록 분자를 눈으로 볼 순 없더라도 분자의 움직임은 볼 수 있다. 어떻게? 아주 간단하다.

수돗물 한 컵을 따라 책상에 놓고 거기에 커피 한 방울을 떨어트려 보자(잉크를 떨어트리면 훨씬 분명히 보일 것이다). 뭔가로 휘젓지 않아도 커피 한 방울이 금세 컵 전체로 퍼진다. 이것은 아마 감탄을 자아낼 만한 장면은 아닐 것이다. 하지만 지금 이 고요한 물컵에서 도대체 무슨 일이 벌어지고 있는지는 일단

집에서 하는 실험 No. 1

물이 담긴 컵에 커피 또는
잉크 한 방울을 떨어트린다.

입자 파티

커피 또는 잉크가
컵 전체에 퍼진다.

명확히 해두자! 혼돈의 북적거림과 몸부림, 이름하여 '홍 폭발 입자 파티'다! 눈에 보이지 않는 이런 입자 파티에 당신을 초대하고 싶다. 바로 여기서 화학이 시작되기 때문이다.

아무튼 물컵, 커피잔, 책상, 책상이 놓인 바닥, 공기 그리고 당연히 당신과 나도 입자로 이루어졌다. 그리고 그것들 역시 움직인다! 정지 따위는 원래 없다. 지금 이 순간에도 어디에서나 입자 파티가 열린다. 당신의 잔에서, 당신의 발밑에서, 당신의 몸에서. 당신이 그것을 보지 못할 뿐이다.

혹시 이런 말을 하고 싶은가? "볼 수도 없고 얻는 것도 없는데, 작은 입자로 구성된 세계를 왜 상상해야 하지?"

내 대답은 이것이다. "아주아주 멋진 일이니까!"

단순히 멋져서만이 아니라 고체와 액체와 기체라는 다양한 **응집 상태**가 어떻게 생기는지 상상을 통해 이해할 수 있다. 어떤 물질이 **고체**냐, **액체**냐, **기체**냐는 이 작은 입자들이 얼마나 활동적이냐에 달렸다.

나의 커피잔은 고체다. 커피잔 입자가 거의 움직이지 않는다. 말하자면 분자들이 서로 단단히 붙잡고 있다. 나중에 화학결합에 관해 상세하게 다룰 테니, 일단 여기서는 커피잔의 분자 상황을 이렇게 상상하자. 사람들이 빽빽하게 들어찬 콘서트에서 당신은 거의 옴짝달싹할 수 없다. 그럼에도 공간이 허락하는 한에서 손뼉을 치거나 헤드뱅잉을 할 수 있다. 커피잔

같은 고체 물질의 입자가 그런 상황에 있다.

잔에 담긴 액체 내용물, 즉 커피 입자들 역시 강하게 상호작용을 하며 고체 입자들보다는 더 활동적이다. 콘서트 무대 앞 스탠딩 구역에서 격렬하게 뛰는 상황을 상상하면 된다. 한편, 방금 우리가 들이마신 공기 분자는 가장 격렬하게 움직인다. 공기 분자는 주변 분자들을 신경 쓰지 않고 자유롭게 움직인다. 모든 관객이 아무런 방해 없이 자유롭게 뛰어다니고 공중제비를 돌 수 있을 정도로 관객 수에 비해 아주 넓은 콘서트장을 상상하면 된다.

응집 상태를 바꾸려면 온도를 바꿔야 한다. 우리는 물을 통해 이미 그것을 알고 있다. 단단한 물, 즉 얼음에 열을 가하면 녹아서 액체가 되고, 열을 계속 가하면 증발하여 기체가 된다. 응집 상태가 반대로도 바뀔 수 있다. 수증기가 욕실의 거울 같은 차가운 표면을 만나면 액화한다. 그러니까 다시 액체가 된다. 이 물의 온도를 계속해서 낮추면 단단한 얼음이 된다.

내가 왜 이런 설명을 할까? 당신을 감탄시킬 깜짝 선물이 여기 있기 때문이다. **온도는 결국 입자의 움직임이다. 뜨거울수록 움직임이 빠르고, 차가울수록 느리다.** 분자 개념을 온도로 정의하다니, 정말 감탄스럽지 않은가? 온도계로 측정하는 온도보다 훨씬 맘에 들지 않는가?

김이 모락모락 올라오는 커피잔에서 훨씬 많은 의미를 발견할 수 있다. 커피는 뜨겁다. 물 분자가 빠르게 움직이며 서로 충돌한다는 뜻이다. 김으로 모락모락 올라오는 분자들은 아주 빠르게 움직이고 싶다는 강한 욕구를 못 참고 결국 기체가 되어 커피잔을 떠나 더 넓은 장소로 간다.

나무 식탁이 금속 숟가락보다 따뜻한 이유

그렇다면 커피의 온기가 어떻게 잔으로 전달되고, 이어서 식탁으로도 전달될까? 이를 **열전도**라고 하는데, 입자들의 충돌과 운동에너지의 전달로 이루어진다. 커피 입자들이 잔 안에서 빠르게 움직이며 계속해서 잔과 충돌한다. 범퍼카를 떠올리자. 커피잔 입자도 충돌 때문에 더 빨리 움직이고 진동하기 시작한다. 커피잔 입자는 식탁 입자와 충돌하고 마찬가지로 식탁 입자를 더 강하게 진동시킨다. 열전도는 항상 뜨거운 곳에서 차가운 곳으로 진행되기 때문에, 커피잔 아래의 식탁이 따뜻해지는 것이다.

이제 우리는 커피가 언젠가 식는 이유도 안다. 움직이던 추가 언젠가는 멈추는 것과 같은 이유에서다. 범퍼카처럼 입자들은 충돌할 때마다 제자리에 멈추고, 언젠가는 모두가 다시 실내 온도, 다시 말해 '실내 속도'가 된다.

모든 입자와 입자로 구성된 모든 것을 포함하는 우주 전체가 **열역학제1법칙**을 따른다. 그것은 에너지보존법칙과 동일하다. 에너지보존법칙이란 에너지가 창조되거나 소멸하지 않고 그저 모습만 바꾼다는 뜻이다. '에너지 총량은 언제나 똑같이 유지된다'라고 말해도 된다. 입자 하나가 에너지를 얻으면, 다른 입자가 같은 양의 에너지를 잃을 수밖에 없다. 충돌할 때 한 입자가 운동에너지를 다른 입자에 전달하여 그 입자가 더 빨라지면, 에너지를 전달한 입자는 느려질 수밖에 없다. 그렇지 않다면 무에서 에너지를 창조한 것과 같을 테고, 그것은 불가능한 일이다. 에너지 소멸 역시 열역학제1법칙에 반한다. 그러니 만약 일상에서 사람들이 "에너지를 써서 없앤다"라고 말하면, 물리학자나 화학자가 크게 화를 낼 수도 있다(주변에 아는 물리학자나 화학자가 있거든 한번 시험해보라).

계속해서 나의 하루를 소개하기 전에, 마지막으로 한 번만 더 입자 모형으로 상상 놀이를 해보자. 어쩌면 가장 흥미로운 사고실험이 될 것이다. 당신이 어디에 있든, 주변 사물들은 다양한 온도를 가진다. 즉 따뜻하거나 차갑다. 그러나 폐쇄된 공간에서는 모든 사물이 같은 온도, 즉 **실온**을 갖는다. 그런데 어째서 금속 숟가락이 나무 식탁보다 더 차갑다고 느껴질까?

이 폐쇄된 공간에서 실온이 아닌 한 가지가 있다. 바로 당신의 몸이다. 몸에는 체온이 있고, 체온은 실온보다 높다. 숟가락이나 식탁을 만졌을 때 당신이 느끼는 것은 결국 당신의 체온이다! 열전도가 빠른 사물은 차게 느껴지고, 느린 사물은 따뜻하게 느껴진다.

숟가락을 손에 들면, 손 입자들이 숟가락 입자와 충돌하고 숟가락 입자가 진동한다. 숟가락의 금속 원자들이 빨리 진동할수록 숟가락은 더 따뜻해진다. 금속은 아주 좋은 **열전도체**다. 손 입자와 금속 입자가 충돌하면, 손 입자의 움직임이 숟가락에 아주 잘 전달된다. 금속이 좋은 열전도체인 까닭은 금속 내부의 화학결합 방식에 있다. 이에 대해서는 8장에서 자세히 살피게 될 터이니, 지금은 금속의 이런 결합을 밧줄 그물망이나 정글짐쯤으로 상상해보자.

한 아이가 놀이터 그물망에 올라 밧줄 위를 뛰어다니거나 흔들면, 이 움직임은 전체 그물망으로 빠르게 퍼진다. 반대편에 있던 다른 아이도 곧장 같이 휘청거리게 될 것이다. 이때 뛰어다니던 아이의 움직임은 에너지보존법칙에 따라 잦아든다. 즉, 운동에너지를 밧줄과 다른 아이에게 전달함으로써 자기 자신은 느려진다. 움직임이 잦아든다. 열역학적으로 보면, 느려지고 에너지가 줄어든다. 앞에서 온도와 속도가 같다고 했으니, 느려진다는 건 차가워진다는 의미가 된다.

그러나 단단한 막대로 된 정글짐도 있다. 한 아이가 막대 위에서 뛰어다녀도 같은 정글짐에 있는 다른 아이에게 별다른 영향을 미치지 않는다. 움직임이 누그러들지 않고 다른 곳으로 전달되지도 않는다. 그래서 움직임은 더 빨라진다. 즉, 더 따뜻해진다. 열전도가 나쁜 나무가 바로 이런 정글짐과 같다. 나무 탁자에 손을 올리면, 손이 닿는 부분의 나무 입자만 진동한다. 진동과 움직임이 나무를 통해 계속해서 퍼지지 않는다. 즉, 에너지를 덜 전달한다. 그래서 나무 식탁이 금속 숟가락보다 더 따뜻하게 느껴진다.

온도가 결국 입자의 움직임이라면, **열역학제2법칙**도 쉽게 이해할 수 있다. 그 법칙은 이렇다. 열은 언제나 따뜻한 곳에서 찬 곳으로 흐른다. 절대 거꾸로 흐르지 않는다.

콜라 한 병을 얼음이 담긴 양동이에 꽂아두면 콜라가 시원해진다. 이때 보통은 얼음의 냉기가 병으로 흐른다고 생각하는데, 사실은 정확히 그 반대다. 즉, 병의 온기가 얼음으로 흐른다. 그 온기로 얼음이 녹고 온기를 잃은 병은 차가워진다.

이제 이런 지식을 얻은 당신은 누군가가 "창문 닫아, 냉기가 들어오잖아"라고 말하면, 열역학적 헛소리를 참지 못하고 이렇게 대꾸하게 될 것이다. "방의 온기가 나간다는 얘기지?" 또 누군가가 "에너지를 써서 없앤다"라고 말할 때마다 크게 흥분한다면, 당신은 아주 자연스럽게 과학 괴짜들 틈에 섞여들 수 있다. 바야흐로 당신은 **물리화학** 입문 과정을 마쳤다. 짝짝짝, 진심으로 축하한다!

지구의 하루에 맞춰진 인간의 생체시계

마티아스가 부엌으로 와서 어깨에 손을 얹으며 사과한다. "미안. 오늘 달리러 나간다고 말했어야 했는데, 깜빡했어."

"괜찮아. 어차피 수면 리듬에 다시 적응해야 하는 걸 뭐."

생체리듬이 어떻게 돌아가는지 이론상으로는 잘 알지만, 나는 주말 늦잠을 아주 좋아하고 그래서 내 몸은 주말마다 '사회적 시차'를 겪는다. 나의 생체리듬은 당연히 주중과 주말을 구별하지 못한다. 주말이라는 게 아주 멋지긴 하지만, 몸이 따라갈 수 없는 현대적 사회 구조다. 우리의 자연적인 멜라토닌 수치는 원래 태양에 맞춰져 있다. 그러나 나는 너무 늦게 잠자리에 들고 해가 뜰 때쯤이면 죽을 것처럼 피곤한 상태가 된다. 커피, 인공조명, 알람 괴물이 있는 생활은 잘못된 자극으로 나의 몸을 끊임없이 혼란스럽게 한다. 연구에 따르면, 커피와 인공조명과 알람 괴물에서 멀리 떨어져 자연에서 일주일을 야영하자 멜라토닌 순환이 다시 태양에 맞춰졌다고 한다.

그러나 정말로 기이하게도, 우리의 생체시계는 기본적으로 빛이 없어도 기능한다. 우리 몸은 이곳 지구의 24시간짜리 하루에 맞춰 생체시계도 24시간으로 발달시켰다. 물론 약간의 오차가 있긴 하지만. 생체시계를 하루의 흐름과 일치시키는 데에는 빛이 도움을 준다. 빛은 시차 적응에도 도움을 준다.

2017년 노벨의학상은 우리의 생체시계를 해명한 미국 연구자 3명에게 돌아갔다. 세 연구자는 '뉴욕'과 '샌프란시스코'라고 적힌 방 2개를 만들고 거기에 초파리를 키웠다. 그리고 두 해안 도시의 일출-일몰 리듬에 맞춰 조명을 켰다 끄길 반복했다. 초파리들은 계속해서 '비행기(유리병)'를 타고 다른 '도시'로 여행을 갔다. 세 연구자는 초파리들이 세 시간의 시차를 어떻게 극복하는지 관찰했다.

이 실험으로 연구자들은 생체시계에 아주 중요한 두 가지 유전자를 알아냈다. 화학은 유전자를 이야기할 때 정말로 흥미진진해진다! 우리의 DNA는 스스로 분자일 뿐 아니라, 생명에 매우 중요한 다른 분자를 생산하는 데 관여한다. 유전자에서는 모든 정보가 코드화된다. 생명에 필수적인 정보뿐 아니라 생체시계에 대한 정보도 코드화되어 있다. 유전자가 **단백질** 생산을 조절하는 덕분에 유전자 코드가 읽히고 번역될 수 있다. 달리 표현하면, 유전자가 계획을 세우고 단백질이 계획을 실행한다.

두 가지 '시계 유전자'는 두 가지 '시계 단백질'을 생산한다. 하루의 흐름에서 먼저 단백질이 증가한다. 그런 다음 단백질 2개가 하나로 연결되는데 이 단백질 커플이 유전자의 원래 계획을 실행한다. 유전자의 원래 계획이란 단백질 생산을 멈추는 것이다. 그렇다! 제대로 읽은 거 맞다. 이 단백질은 자신의 생산을 멈추기 위해 생산된다. 말하자면, 단백질은 유전자 코드가 더는 '읽힐 수 없도록' 한다. 코르티솔과 스트레스의 관계와 비슷하게, 여기에도 자체 억제 시스템이 있다. 시계 단백질이 더는 생산되지 않으면 당연히 밀도가 내려간다. 마침내 단백질 농도가 아주 낮아져서 유전자 코드가 읽히는 것을 더는 막을 수 없게 되면, 다시 단백질 생산이 시작된다. 이 순환에 대략 24시간이 걸린다. 즉 낮과 밤이 우리의 유전자 안에 코드화되어 있다는 얘기다.

그러나 어쩐지 내 유전자는 정상이 아닌 것 같다. 몸이 24시간이 아니라 30시간에 맞춰진 것처럼, 나는 훨씬 긴 낮과 더 많은 잠이 필요하다고 느낀다. 언젠가는 꼭 나를 연구해볼 작정이다.

"이제 나가봐야 해." 마티아스가 말했다.

그때 핸드폰이 진동했다. 크리스티네의 문자다. 정말 놀라운 일이다. 이 시간에 벌써 일어났다고?

"요나스하고는 이제 끝이야." 문자가 이렇게 와 있다.

"전화할게." 내가 답장했다.

어느새 조깅 복장으로 갈아입은 마티아스가 열린 문틈으로 머리를 들이밀고 물었다. "외출할 거야? 나, 집 열쇠 갖고 가야 해?"

"아니!" 몸을 웅크리며 말했다. "문 닫아, 온기가 나가잖아!"

유튜브 스타
과학자의 하루
Komisch, alles chemisch!

그깟 치약이 뭐라고!

세상을 구성하는 세 가지 물질

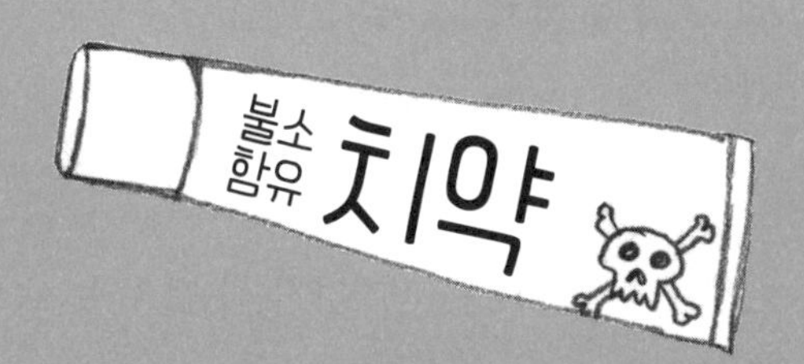

"어디야?" 크리스티네가 전화를 받자마자 내가 물었다.

"실험실로 가는 중이야." 화난 목소리다.

"요나스가 뭐 어쨌다고?"

"방금까지 요나스네 집에 있었어." 크리스티네가 헐떡이며 대답했다.

"그러니까 같이 잤다는 거네? 어떻게…"

"마이!" 크리스티네가 내 말을 끊고 외쳤다. "요나스가 **자.연.치.약.**을 써."

"그게 무슨 소리야?"

"불소가 안 들어간 치약!"

젠장, 정말 가지가지 하네! 나는 속으로 투덜거렸다. 요나스는 크리스티네가 몇 주 전부터 '썸'을 타고 있는 아주 매력적인 물리학자다. 우리는 동료 물리학자인 한네스를 통해 그를 알게 됐다. 요나스는 무척 잘생긴 편이었는데 처음에 크리스티네는 그에게 별 관심이 없었다. 나는 크리스티네를 인텔리성애자라고 보는데, 그녀가 오로지 똑똑한 남자에게만 감정적 · 육체적으로 매력을 느끼기 때문이다. 언젠가 한네스가 우리에게 요나스를 "최고의 브레인에 늘 1등만 하는 사람"이라고 얘기했는데, 그때부터 크리스티네는 갑자기 요나스에게 관심을 보였다. 그런데 오늘 들은 충격적인 소식에 따르면, 요나스가 불소 무첨가 치약을 쓴다는 것이다.

"확실해?" 내가 물었다. "튜브에만 그렇게 적힌 거 아닐까? 요즘엔 그런 식으로 바이오마케팅을 하잖아. 불소 함유 허브 치약도 있는 걸 뭐."

"아니야. 튜브에 아주 크게 **불소 무첨가**라고 적혀 있어. 성분표도 샅샅이 읽어봤어."

"그럼 불소 대신 뭐가 들어갔어? 대체물질이 뭐냐고. 혹시…"

"그게 중요한 게 아니야." 크리스티네가 내 말을 또 잘랐다.

이런, 이런! 크리스티네가 이렇게까지 나온다는 건 정말 심각하다는 뜻이다.

"도저히 못 참아. 요나스랑은 이제 끝내야겠어."

치약 때문에 헤어진다고? 나는 생각했다. "요나스에게 물어봤어? 모르고 샀을 수도 있잖아."

"요나스는 불소가 솔방울샘을 딱딱하게 만든다고 믿고 있어. 그러면서도 정작 솔방울샘이 정확히 어디 있는지도 모른다니까!"

하긴 화학자가 아니라 물리학자니까, 나는 생각했다.

"하이드록시아파타이트!" 크리스티네가 불쑥 말했다.

"뭐?"

"허브치약에 들어 있는 불소 대체물질!" 헐떡이며 덧붙였다. "이게 말이 되니?"

"치아 법랑질에 든 그 하이드록시아파타이트 말이야?"

"그래! 어떻게 그런 물질이 허가를 받았을까?"

"그러게."

"다음 동영상에서는 그 얘기를 좀 다뤄봐." 크리스티네가 말했다. "실험실에 도착했어. 나중에 얘기하자."

불소와 치약에 관한 동영상은 정말로 좋은 아이디어 같다. 화학을 전공하고 박사학위까지 딴 내가 '미디어와 관련된 어떤 일'을 하는 걸 의아해하는 사람들이 많다. 하지만 나는 신념을 가지고 그 일을 한다. 과학자라고 해서 반드시 실험실에서 연구만 하라는 법은 없다. 과학을 설명하는 일 역시 똑같이 중요하다. 이해하기 쉬우면서도 정확한 과학 정보를 얻을 기회가 보통 사람들에게는 너무너무 드물기 때문이다.

인터넷에는 진실의 가면을 쓴 절반의 진실, 심지어 가짜 진실들이 충격적으로 많다. 비록 전문 서적에서 믿을 만한 정보를 얻을 수 있고 과학 저널을 통해 최신 연구 결과들을 읽을 수 있다지만, 그것들을 읽는 것 자체가 악몽에 가깝다. 전문가들에게도 그러니 보통 사람들이야 말해 뭣하랴. 과학은 암호를 사용하는 엘리트들의 클럽과도 같다. 자기들끼리 서로 전문용어로 소통할 때만 의미가 통한다. 보통 사람들이 이해할 수 없는 상황은 솔직히 문제일 수 있는데, 왜냐하면 보통 사람들이 내는 세금으로 연구비 대부분이 지원되기 때문이다. 세금 납부자들이 자기가 낸 돈이 정확히 어떻게 쓰이는지 전혀 알지 못하는 셈이다. 그러므로 나는 더 많은 과학자가 유튜브와 텔레비전에 나와 암호를 '번역'해줘야 한다고 생각한다.

테플론 프라이팬을 사용하면 불소도 먹게 되나?

마침내 나는 조용히 아침을 먹을 수 있게 됐다. 이제 불화물과 불소의 차이를 알아보자. 이 주제는 방금 내가 달걀을 깨 넣은 테플론 프라이팬과 완벽하게 들어맞는다. 잠시 다른 얘기를 하고 돌아올 참이니, 그때까지 이것을 잘 기억해두기 바란다.

불화물은 화학원소인 **불소**의 한 형식이다. 화학원소 주기율표를 잠깐 보자(이 책 뒤쪽에 주기율표를 실어두었다). 주기율표에서 불소(F)는 일곱 번째 그룹, 즉 7족에 속한다. 여기에 속하는 원소들을 **할로겐(염소족)**이라고 부른다. 불소는 기체로, 수영장 소독제로 쓰이는 **염소**를 생각나게 하는 냄새가 난다. 그렇다고 직접 냄새를 맡아보는 건 절대 권하지 않는다. 어마어마하게 위험하기 때문이다.

'어마어마하게' 위험하다는 게 무슨 뜻이냐고? 아주 소량의 불소 가스로도 눈과 폐가 상할 거라는 얘기다. 이런 공격성은 불소의 높은 반응력 때문이다. 다른 물질과 쉽게 빨리 화학반응을 일으키는 물질은 통제가 안 되기 때문에 위험하다. 이런 물질이 위험하거나 독한 이유가 더 있지만, 그 얘기는 나중에 하기로 하자.

아무튼 불소 가스는 물과 반응하여 **불화수소산**(Hydrofluoric Acid, HF 수용액)을 형성한다. 만에 하나 실수로 이 물질을 손에 엎지르면, 피부뿐 아니라 뼈까지 순식간에 녹아버릴 것이다. 이것에 비하면 **염산**을 비롯한 그 밖의 위험한 산이 오히려 무해한 것처럼 보인다.

그러니 순수 불소, 즉 원소 불소와 불화수소산 근처에는 부디 얼씬도 하지 마시라. 그러려면 뭘 조심해야 하냐고? 사실 조심하고 말 게 전혀 없다! 이 둘은 천만다행으로 자연에 전혀 등장하지 않기 때문이다. 물론 치약에도 등장하지 않는다. 그 까닭은 화학식에 있다. 즉, 결합 반응력이 높은 원소는 자연에 드물게 등장한다. 불소는 미처 도망치지 못한 모두와 결

합할 만큼 아주 공격적인 반응력을 가지고 있기에 밖에 돌아다니는 불소는 모두 이미 반응을 마쳐 '안정을 찾은' 상태다.

그러나 실험실에서는 불화수소산을 생산할 수 있다. 세계 정복을 꿈꾸는 미친 화학자가 있어서가 아니라, 달걀프라이를 위해서다. 온갖 실험도구와 재료를 갖춘 화학 실험실에서, 불화수소산에게 제공할 반응 파트너를 찾는다. 최적의 반응 파트너로, 예를 들어 **PTFE** 또는 **테플론**으로 알려진 **폴리테트라플루오로에틸렌**을 생산할 수 있다!

자, 이제 우리는 다시 프라이팬과 달걀로 돌아왔다. 그런데 테플론 프라이팬에 함유된 불소 원자는 어쩐다? 달걀과 함께 불소도 먹게 되는 걸까? 좋은 질문이다. 이제부터 그 얘길 해보자.

연금술이 순전히 사기인 이유

원소들이 대부분 반응력이 높고 공격적이더라도, 그들에게는 반응하지 않고 여유롭게 쉬는 안정된 형식 또한 있다. 원자가 공격적인지 여유로운지는 원자의 내부 구조에 달렸다. 인생이 그렇듯, 화학에서도 항상 내적 가치가 중요하다(어쩌면 항상 중요한 건 아닐 수도 있겠다. 입자 모형에서는 내부 구조가 사실상 아무 역할도 하지 않기 때문이다).

우리는 종종 원자를 가장 작은 입자, 즉 세계를 구성하는 최소 단위로 생각한다. 하지만 엄밀히 말하면 틀린 생각이다. 원자는 다시 세 가지 소립자로 구성되기 때문이다. **양성자, 중성자, 전자다. 양성자는 양전하를 띠고, 중성자는 전기적으로 중성이며, 전자는 음전하를 띤다.** 이 어마어마하게 다양한 세계가 단 세 가지 요소로 구성된다(물리학자는 조금 다른 얘기를 할 수도 있지만, 그것까지 소개하느라 쓸데없이 복잡하게 만들 필요는 없을 것 같아 생략한다). 예를 들어 달걀과 밀가루와 우유를 섞은 뒤 열을 가할 때, 세 가지 재료를 어떤 비율로 어떻게 조합하느냐에 따

라 크레이프가 되기도 하고 마카로니가 되기도 한다. 크레이프와 마카로니는 분명 서로 다른 음식이지만, 황금(Au)과 산소(O)의 관계보다는 확실히 많은 공통점을 갖고 있다. 그렇지만 금속인 황금도 기체인 산소도 똑같이 세 가지 재료로 만들어졌다. 정말 신기하지 않은가?

모두 같은 재료로 만들어졌다면, 도대체 무엇이 황금을 황금으로, 산소를 산소로 만드는 걸까?

양성자 수가 원소의 종류를 결정한다. 어떤 원소의 양성자 수가 몇 개냐에 따라 그 원소의 주기율표 자리가 정해진다. 모든 원소가 주기율표에 배열되어 있는데, 그 배열 기준이 뭘까? 바로 **원자번호**다. 이 원자번호는 양성자 수와 일치한다. 주기율표를 잠깐 보면, 산소는 8번이다. 산소가 가진 양성자가 8개라는 뜻이다. 황금은 79번이니 양성자가 79개라는 뜻이다. 이런 차이만으로도 산소는 산소고, 황금은 황금이다.

화학자의 조상인 옛날 연금술사들은 일반 금속을 황금으로 바꿔보려고 시도했었다. 오늘날 우리는 그것이 불가능하다는 걸 안다. 일반 금속을 황금으로 바꿀 수 없는 까닭은 원자구조에 있다.

아마 다음과 같은 그림을 본 적이 있을 것이다.

이 그림에서 우리는 원자가 핵 하나와 여러 껍질로 구성됐음을 알 수

탄소 원자의 질량 : 0.000 000 000 000 000 000 000 02g

있다. 핵은 양전하를 띠는 양성자와 전기적으로 중성인 중성자로 이루어졌다. 양전하와 중성이 합쳐지므로 원자핵은 양전하를 띠며, 핵 주위의 껍질들은 음전하를 띠는 전자로 이루어졌다.

원자의 무게는 오로지 원자핵이 결정한다. 다시 말해 중성자와 양성자 수가 원자의 무게를 결정한다. 전자는 무게가 거의 없다. 그러므로 전자의 무게를 따지는 건 쓸데없는 짓이다. 그것은 마치 코끼리 등에 깃털 몇 개를 올리고 코끼리의 무게를 재는 것과 같다. 이럴 땐 깃털 무게를 무시해도 괜찮지 않은가.

원자 1개는 당연히 그다지 무겁지 않다. 무엇보다 아주 작기 때문이다. 그렇더라도 당연히 원자도 질량이 있다. 그렇지 않다면 이 책이나 당신의 몸 역시 질량이 없을 것이다.

황금 원자 하나에 양성자가 79개 있고 산소 원자에는 8개가 있으니, 황금 원자가 산소 원자보다 확실히 무겁다. 여기에 중성자가 더해지는데, 중성자는 양성자와 무게가 비슷하다. 대략의 기초 공식에 따르면, 원자핵 하나에 들어 있는 중성자와 양성자 수는 같다. 황금 원자의 총무게는 산소 원자보다 약 열두 배 무겁다.

원자의 부피, 즉 크기는 무게와 반대로 핵이 아니라

껍질이 결정한다. 핵의 부피는 무시해도 될 만큼 아주아주 작기 때문이다. 솜사탕과 비슷하다. 솜사탕이 전자구름이라면, 막대가 원자핵이다. 솜사탕의 크기는 오로지 솜뭉치가 좌우할 뿐, 막대가 약간 더 두껍든 얇든 솜사탕 전체 크기에는 이렇다 할 차이를 만들지 않는다. 원자핵은 점으로 상상하면 된다. 원자핵은 질량만 있고 부피는 없는 응축된 작은 점이다.

원자의 크기는 원자껍질의 크기와 같다. 그리고 이 껍질이 얼마나 크냐는 무엇보다 전자의 개수에 달렸다. 편리하게도 원자의 전자 수는 기본적으로 양성자 수와 같다. 그러므로 양전하와 음전하가 상쇄되어, 결과적으로 원자는 전기적으로 중성이다. 황금의 전자껍질에서는 전자 79개가 소용돌이치고, 산소의 전자껍질에서는 전자 8개가 움직인다. 모든 전자는 각자 자기 공간이 필요하기 때문에 황금은 산소보다 더 큰 껍질을 갖는데, 황금 원자가 산소 원자보다 두 배 이상 크다.

원자의 질량과 부피에 관해서는 이 정도만 해두자. 이제 진짜 흥미진진한 화학적 특징에 집중하자! 일단 원자핵은 그다지 흥미롭지 않다. 화학반응에 동참하지 않기 때문이다. 화학반응은 오로지 전자껍질에서만 일어난다. 그래서 철을 금으로 바꿀 수 없는 것이다. 철을 금으로 바꾸려면 철 원자에 양성자를 추가해야 하는데 그것은 불가능하다. 핵에 있는 양성자 수는 그렇게 간단히 바꿀 수가 없다(무겁고 불안정한 원자핵이 연쇄

반응으로 쪼개지는 방사능은 예외다). 그러므로 원자핵은 가만히 두고, 껍질에 더 주의를 기울이는 편이 훨씬 보람차다.

앞의 원자 모형에서 보았듯이, 전자는 자기 궤도를 따라 핵 주변을 돈다. 그러나 그것은 입자 모형과 마찬가지로 극단적으로 단순화한 모형이다. **모형은 현실을 있는 그대로 묘사하지 않고 단순화해서 전달할 뿐이다.** 따라서 보편적으로 적용되지 않고, 오로지 특정 전제 조건 아래에서만 효용이 있다. 패션모델이 현실을 그대로 보여주지 않고, 특별한 사례에 맞게 연출된 모습을 보여주는 것과 똑같다. 그러나 나는 단순한 모형을 아주 사랑한다. 쓸데없이 일을 복잡하게 만들 이유가 뭐란 말인가.

욕심꾸러기 불소를 행복하게 만드는 옥텟 규칙

자, 이제 화학반응을 아주 쉽게 이해할 수 있는 모형 하나를 소개하겠다. 이름하여, **껍질 모형**이다.

껍질 모형에 따르면, 전자는 기분 내키는 대로 핵 주위를 도는 게 아니라 특정 간격을 엄격히 지키면서 돈다. 양파 껍질처럼 핵을 둘러싸고 있다고 상상하면 이해하기 쉽다.

지구와 다른 행성들이 특정 간격을 지키며 태양 주위를 도는 것처럼, 전자 역시 특정 간격을 엄격히 지키면서 핵 주위를 돈다. 그런데 왜 특정 간격을 지켜야 할까? 다른 간격으로

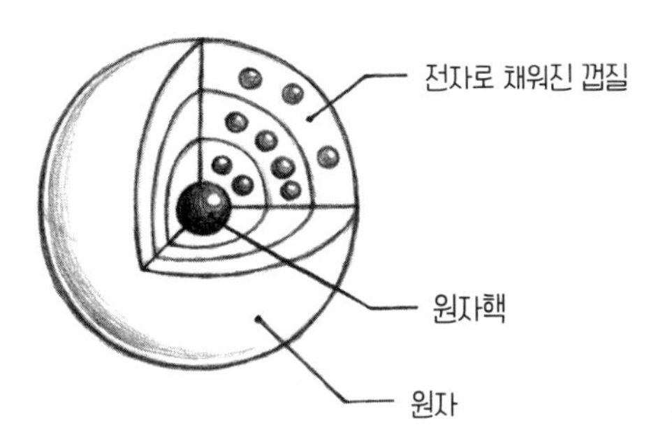

껍질 모형

돌면 왜 안 될까? 그 까닭은 양자역학과 어느 정도 관련이 있는데, 전자처럼 아주 작은 입자는 고전물리학(현대물리학에 상대되는 개념으로 뉴턴역학, 열역학, 전기학 등이 포함되며 양자론 탄생 이전의 물리학을 말한다-옮긴이) 규칙이 아니라 양자물리학 규칙을 따르기 때문이다.

양자물리학은 이해하기가 다소 어려운데, 우리가 보고 경험하는 모든 것이 고전물리학 규칙을 따르기 때문이다. 말하자면 양자역학을 상상하는 것은 마치 한 번도 보지 못한 색상을 떠올리는 것과 같다. 그러니 색상 대신 영화관을 상상해보자. 이 껍질들은 영화관의 고정된 좌석과 같다. 관객은 영화를 보려면 좌석 열 사이가 아니라 좌석에 앉아야 한다.

자, 그렇다면 좌석은 어떻게 채워질까? 모든 원소의 껍질은 안에서부터 채워진다. 껍질 하나가 채워지면 그다음 바깥 껍질이 채워진다. 이때 **원자가전자,** 즉 가장 바깥 껍질에 있는 전자가 특히 중요하다. 원자가전자는 핵과 가장 멀리 떨어져 있기 때문에 독특한 특징을 갖는다. 원자핵에서 멀리 떨어져 있을수록 양전하인 핵과 음전하인 전자 사이의 인력이 약하므로 전자들이 아주 멀리멀리 떨어져 있다. 즉 안쪽 전자들은 원자핵 가까이에서 거의 움직이지 않고 얌전히 머무는 반면, 바깥쪽 전자들은 아주 외향적인 친구들이어서 화학반응에 활발하게 참여한다.

핵에서 가장 멀리 떨어져 있다는 사실 외에, 원자가전자들을 불안정하게 만드는 원인이 한 가지 더 있다. 거의 모든 원소에서 안쪽 껍질은 전자들로 빼곡히 들어차 있지만, 가장 바깥 껍질은 듬성듬성하다는 것이다. 전자의 수가 한정돼 있기 때문이다. 그리고 앞에서 말했듯이 전자의 수는 양성자의 수와 같다. 영화관에서 좌석 한 열을 나 혼자 차지할 수 있다면, 나는 절대 마다하지 않을 것이다. 그러나 전자는 나와 완전히 다르다. 전자는 자기가 앉은 열에 공석이 있는 걸 견디지 못한다! 그리고 원자 역시 괴팍한 구석이 있어서 자신의 껍질을 무조건 가득 채우려고 한다.

이런 욕구가 흥미로운 방식으로 드러난다. 바깥 껍질에 공석이 여럿인 원소들은 그다지 공격적이지 않다. 그러나 공석이 단 하나뿐이거나 원자가전자가 1개뿐인 원소들은 그야말로 좌불안석이다. 간발의 차이로 전석 매진을 놓친 원소들이 가장 공격적인 셈이다. 결승전에서 패배한 2위 팀이 가장 아쉬워하는 것과 같다. 목표를 눈앞에 두고 아깝게 좌절됐으니 왜 안 그렇겠는가.

원자의 화학적 기질은 원자가전자의 수와 관련이 있다. 불소는 7개를 가진다. 그런데 가장 바깥 껍질에는 좌석이 8개 있다. 그러니까 공석 1개가 생기고 그것이 불소를 미치게 한다. 불소는 부족한 여덟 번째 전자를 다른 원자와 분자에서 빼앗아 공석을 채울 때까지 절대 쉬지 않는다.

아무튼, 불소만 그런 건 아니다. **주기율표의 거의 모든 주족 원소(주기율표상 해당 족의 성질을 나타내는 원소-옮긴이)는 가장 바깥 껍질의 여덟 자리를 모두 채우려 애쓴다.** 이런 욕구를 **옥텟 규칙**(octet rule)이라고 한다. 이름이 약간 혼동을 줄 수 있는데, 이것은 물리학적으로 확정된 규칙이 아니라 단지 모형에 불과하다. 껍질 모형과 밀접하게 연관된 매우 편리한 모형이다. 옥텟 규칙의 도움으로 우리는 어떤 원소가 화학반응을 특히 좋아하는지 설명할 수 있을 뿐만 아니라, 어떤 원소가 반응 파트너로 서로 잘 맞는지도 알 수 있다. 각각의 원소는 여러 욕구를 가지는데, 옥텟 규칙을 충족하고자 하는 것도 그중 하나다. 원소는 이 욕구를 채우기 위해 다른 원소와 결합하고 화학반응을 한다(인간과 아주 비슷하다).

불소는 배가 고프다고 시끄럽게 울어대는 갓난아기와 같다. 배고파 우는 아기는 젖만 먹이면 금세 조용해지고 얌전해지지 않는가. 불소 역시 열렬히 갈망하던 여덟 번째 전자를 선물하는 원소를 만나자마자 아주 얌전해진다.

테플론 프라이팬에서 이것은 무슨 뜻일까? 테플론에서는

불소가 탄소를 만난다. 탄소는 아주 관대하여 자신의 전자와 껍질을 다른 원자에게 나눠준다(이런 만남이 정확히 어떤 모습인지는 8장에서 다시 이야기하겠다). 마침내 행복을 찾은 불소를 다시 불안정한 원래 상태로 되돌리려면 아주 많은 에너지가 필요하다. 불소와 탄소를 떼어놓으려면 테플론을 360℃ 이상으로 달궈야 한다. 그런데 테플론 프라이팬의 권장 최대 온도는 260℃이니 불소와 탄소가 분리될 일이 없다(참고로, 나의 달걀프라이를 위한 최적 온도는 대략 83℃다. 이 정도 온도면 흰자위가 익는다).

불소 원자와 탄소 원자는 옥텟 규칙에 따라 원소로서 이룰 수 있는 모든 것을 나의 프라이팬에서 이뤘다. 가장 바깥쪽 껍질의 전석 매진을 달성했다. 불소와 탄소의 화학적 결합은 진정으로 모범적인 결혼이다. 아무도 다른 원자나 분자에 한눈을 팔지 않는다. 지글지글 익어가는 달걀프라이의 매력적인 단백질에도 눈길 한번 주지 않는다.

음식이 프라이팬에 눌어붙는 것은 프라이팬 분자와 음식 분자 사이의 상호작용 때문이다. 테플론은 저 맛나 보이는 달걀프라이나 그 밖의 음식에 전혀 관심이 없다. 불소는 분명 나의 프라이팬에서 흡족한 마음으로 자신의 불화수소산 시절을 회상하고, 질풍노도의 시기가 영원히 지나간 것에 매우 기뻐할 것이다. '나는 원하는 것을 모두 가졌고 이제 안정을 찾았다'라고 생각할 것이다.

프라이팬의 불소 원자와 마찬가지로, 치약에 함유된 불화

물은 아주 흡족한 상태다. 앞에서 언급했듯이, 전기적으로 중성인 원자는 양성자 수와 전자 수가 정확히 일치한다. 양전하를 띠는 양성자와 음전하를 띠는 전자가 서로 영향을 주어 전하가 없어지므로 원자는 전하를 띠지 않는다. 그러나 원자도 전하를 띨 때가 있고, 이럴 때 **이온**이라 불린다. **음전하를 띠는 이온을 음이온**이라고 하는데, 양성자보다 전자가 더 많으면 음이온이 된다. 화학에서는 원소명 끝에 '-ide'를 붙여 음이온임을 표시한다. 반면, **양전하를 띠는 이온을 양이온**이라고 하는데, 양성자보다 전자가 더 적으면 양이온이 된다. 양이온을 표시하는 별도의 어미는 없다.

불화물을 뜻하는 단어 'Fluoride'에 'ide'가 붙어 있다는 사실에서 우리는 '아하, 음이온이구나' 하고 알아차릴 수 있다. 불소가 열망했던 전자를 누군가가 선물한 덕에 이제 불화물은 가장 바깥 껍질에 전자 8개를 가짐으로써 옥텟 규칙을 충족하고 아주 흡족한 음이온이 됐다.

불소는 어떻게 해서 이렇게 행복한 음이온이 될까? 반응 파트너로서 유력한 후보자는 **나트륨**(Na) 원소다. 나트륨은 주기율표의 첫 번째 주족 원소, 즉 1족인 **알칼리금속**에 속한다. 나트륨은 우리가 먹는 소금, 즉 염화나트륨으로 유명하다. 그러나 식용 소금에는 순수 나트륨이 들어 있지 않다. 어차피 당신은 순수 나트륨을 본 적이 없다. 자연에 순수 불소가 없는 것과 똑같이 순수 나트륨도 없다.

나트륨은 회색으로 반짝이는 금속이며, 칼로 자를 수 있을 정도로 아주 부드럽다. 낭창낭창 얌전할 것처럼 들리지만, 물과 만나면 격렬한 반응을 보인다. 이처럼 매우 공격적인 원소이지만 불소에게는 완벽한 파트너다. 모든 알칼리금속이 그렇듯, 나트륨 원자에서는 가장 바깥 껍질에 전자 하나가 홀로 외롭게 있다. 이 외로운 전자는 혼자 계속 돌아다니느니 차라리 나트륨 원자를 떠나고 싶어 한다. 지금 당장 말이다! 이런 상황에서 불소 같은 친구가 다가오면 얼마나 반갑겠는가. 그렇게 둘은 각자의 옥텟 규칙을 충족하는데, 둘이 합쳐져 **불화나트륨**이 된다. 치약에 들어 있는 바로 그것 말이다. 나트륨과 염소의 만남에서도 같은 원리가 적용된다. 둘이 합쳐져 식용 소금 **염화나트륨**이 된다.

그러므로 치약에 함유된 불화물은 화학반응에 적극적이지

않다. 그러나 반응하지 않는다고 해서 자동으로 독성이 없어진다는 뜻은 아니다. 그렇다면 역시 독성이 있을까? 치약 때문에 여자친구에게 버림받을 수도 있을까? 애초에 왜 치약에 불화물이 들어 있을까? 어차피 이제 나도 양치질을 할 시간이니, 욕실에서 그것에 대해 알아보자.

유튜브 스타
과학자의 하루
Komisch, alles chemisch!

3장

모든 욕실은 화학 실험실이다

無화학제품이라고 광고하는 엉터리 마케팅

모든 욕실은 화학 실험실이거나 적어도 화학약품 저장소다. 이렇게 말하면 나의 비화학자 친구들은 욕실이 아주 위험한 장소처럼 들린다고 말한다. 그러므로 비화학자에게 화학에 대한 사랑을 심어주려 할 때는 어휘 선택에 신경을 좀 써야 한다. 순수 불소 또는 순수 나트륨이 몹시 공격적인 친구들인 건 맞지만, '화학약품'이라는 낱말 자체에는 부정적인 의미가 전혀 들어 있지 않다. 독성이 있든, 건강에 좋든, 생존에 필수적이든 어떻든 이 세상은 온통 화학이다. 정말이지 화학물질 아닌 것이 없다!

화학이 반드시 독한 건 아니지만, 전염성이 매우 높다는 건 사실인 듯하다. 나의 아빠는 화학자다. 나의 오빠도 화학자다. 나의 절친 크리스티네도 화학자고 내 남편도 화학자다. 맹세컨대, 우리는 모두 아주 평범한 사람들이다.

아빠는 한동안 헤어 제품을 연구했었다. 나는 아빠와 함께 마트를 둘러보며 진열된 상품들을 탐색했는데, 때때로 샴푸의 성분표에서 아빠가 실험실에서 개발한 물질을 발견하곤 했다. 내가 고분자화학자가 된 데도 아빠의 영향이 컸다. 냉소적인 몇몇 화학자는 어쩌면 고분자화학이 결국 플라스틱이라고 말할 테지만, 그것은 뻔뻔하기 그지없는 편협한 개념 정의다. 앞서 이야기한 테플론, 즉 폴리테트라플루오로에틸렌 역시 고분자다. 우리는 프라이팬만이 아니라 생물학적으로 호환되는 인체 내 항암제 운송수단이나 인공 장기의 기초로 쓸 수 있는 고분자를 생산한다. 그런데 그냥 플라스틱이라니, 괘씸한지고!

고분자(polymer)는 장쇄분자, 즉 긴 사슬분자다. 고분자는 작은 분자 단위인 **단량체**(monomer)로 구성되는데, 이런 단량체들이 이어져 긴 사슬을 만든다. **다당류** 또는 탄수화물 역시 고분자다. 그러므로 고분자라고 반드시 인공적인 건 아니며, 자연 어디에서나 생긴다. 예를 들어 목재와 식물섬유는 셀룰로스 섬유로 구성되는데, 그것들 역시 고분자다. 우리의 DNA와 똑같이 말이다! 그러나 고분자의 가장 쿨한 면모는 역시 실험실에서 직접 만들어낼 수 있다는 점이다.

아빠는 예전에 볼륨 헤어스프레이와 엉킴 방지 린스에 쓰일 고분자 물질을 개발했다. 그것만으로도 이미 화학은 나의 흥미를 유발하기에 충분했다. 화학자로서 나는 화학이 여전히 남자들의 분야로 인식되는 고정관념을 접한다. 그래서 때때로 내가 호기심의 대상이 되기도 한다. '여자 화학자가 유튜브에서 도대체 뭘 하는 걸까? 화장법 같은 걸 알려주나?' 하는 생각들이다. 화장품에는 관심이 있으면서 어떻게 화학에는 관심이 없는지, 나는 정말 이해할 수가 없다. 천연 재료를 쓰는 비누와 여러 상품 그리고 이른바 '천연 화장품'을 생산하기 위해서도 화학을 알아야 한다.

치아의 방귀쟁이를 쫓아내는 불화물

나는 화장실로 가서 마지막 남은 치약을 알뜰히 짜 칫솔에 묻힌다. 그러는 동안 나의 달걀프라이는 빵, 커피, 오렌지 주스와 함께 나의 위장에서 노닌다. 그것들은 신진대사에 자신의 운명을 맡기고 화학반응 대축제를 즐긴다. 그러나 화학적으로 보면 위장으로 가기 전 입안에서도 어떤 일들이 차근차근 진행된다. 특히 빵과 오렌지 주스에는 흥미로운 반응을 일으키는 뭔가가 들어 있다. 바로 **설탕**이다. 오렌지 주스에는 콜라 못지않게 설탕이 많이 들어 있다. 그리고 빵 역시 결과적으로 당류 그러니까 탄수화물로 구성되는데, 탄수화물이 곧 설탕 고분자다.

우리는 어떤 형식으로든 계속해서 설탕을 먹는다. 우리가 설탕을 좋아하는 탐욕스러운 괴물이기 때문에, 그리고 우리 몸이 설탕을 에너지로 바꾸기 때문이다. 특히 뇌가 설탕을 연료로 쓰기 때문에 우리는 태어날 때부터 초콜릿과 젤리를 사랑하도록 조건화되어 있다. 초콜릿과 젤리가 사방에 널려 있는 지금 같은 시대에는 아주 위험한 조건이다.

우리만 설탕을 사랑하는 게 아니다. 우리의 치아에 사는 박테리아와 미생물들도 설탕을 좋아한다. 당신이 이 책을 읽는 지금도 수백만의 다양한 박테리아가 당신의 입안에서 종횡무진 돌아다닌다. 키스를 할 때마다 수백만의 박테리아가 침을 통해 교환된다. 키스가 갑자기 역겨워졌다면 정말 미안하다. 하지만 나는 화학자로서 세계를 축소해서 보고, 눈에 보이지 않는 것에 대해 깊이 생각하기를 아주 좋아한다.

치아 박테리아들은 이른바 '플라크' 안에서 산다. 플라크란 치아를 덮고 있는 얇은 수막을 말하는데, 덜 매력적인 이름으로는 '치태'가 있다. 치약이나 가글액 광고에서는 자기네 상품이 치태를 막아줄 거라고 자랑한다. 훼방꾼처럼 굴고 싶진 않지만, 화학자로서 나는 진실을 말할 수밖에 없다. 우리는 치태에서 완전히 자유로워질 수 없다. 하지만 치태의 내부 조건을 바꿔, 그곳에 자리 잡은 박테리아가 살기 어렵게 만들 수는 있다.

우리가 설탕, 즉 탄수화물을 먹으면, 박테리아들이 신나게 그것을 씹어 먹고 그 보답으로 **시큼한** 방귀를 뀐다(비록 최고의 비유는 아니지만, 친구의 다섯 살짜리 딸에게 이렇게 설명하자 아이의 얼굴에서 웃음기가 싹 사라졌다. 그 후로 아이는 이를 아주 열심히 닦는다고 한다. 그러니 어찌 이 비유를 다시 써먹지 않으리요). 설탕을 먹은 박테리아들은 이제 복잡한 화학 과정을 거쳐 그것을 소화한다. 박테리아들 역시 우리와 똑같이 신진대사를 통해 당 분자를 산 분자로 바꾼다. 그 신진대사가 우리 치아 표면에서 이뤄진다는 게 문제라면 문제겠지만.

치아의 법랑질은 **하이드록시아파타이트**($Ca_5(PO_4)_3(OH)$)라는 광물이 대부분을 차지한다. 아까 말한 요나스의 치약에 이 성분이 있었다는 게 생각났는가? 그 물질이 치아에도 있다. 치아 물질로 치아를 닦는다? 정말 기이한 상상 아닌가? 그러나 그것은 기이할 뿐만이 아니라 충치 예방에도 그다지 효율적이지 못하다. 충치가 정확히 무엇인지 이해하고 나면 더 명확히 알게 될 것이다.

치아의 법랑질에 들어 있는 하이드록시아파타이트는 산을 좋아하지 않는다. 산이 그것을 녹이기 때문이다. 비록 아주아주 느리게 녹이지만, 치아에 구멍이 생기는 것은 그 자체로 나쁜 일이다. 그러나 이 일에 문제가 되는 건 당 분자가 만들어내는 산 분자만이 아니다. 수많은 식료품에 이미 처음부터 산이 함유되어 있기 때문이다. 예를 들어 오렌지 주스가 그렇다.

'당 더하기 산'이니 치아에 두 배로 나쁘다. 커피도 산이다. 그래서 내 치약에는 불화물이 들어 있다. 그것이 내 법랑질이 녹는 걸 막아줄 테니까!

불화물(F^-)이 음전하를 띠는 이온, 즉 음이온이라는 건 앞에서 얘기했다. 법랑질을 구성하는 하이드록시아파타이트에도 똑같이 음이온이 들어 있다. 즉, 하이드록사이드 이온(OH^-)이다. 불화물은 아주 작아서 거의 모든 곳으로 침투할 수 있다. 당연히 치아의 법랑질 속으로도 들어간다. 이를 닦을 때 불화물은 법랑질 속으로 침투하여 하이드록사이드 이온을 내쫓는다. 공격적으로 들리겠지만, 좋은 일이다. 하이드록사이드 이온을 쫓아내고 불화물이 그 자리를 차지한 덕분에 치아 표면에 **플루오라파타이트**($Ca_5(PO_4)_3F$)라는 더 견고하고 안정된 얇은 층이 형성돼 산이 치아를 녹이지 못하게 막아주기 때문이

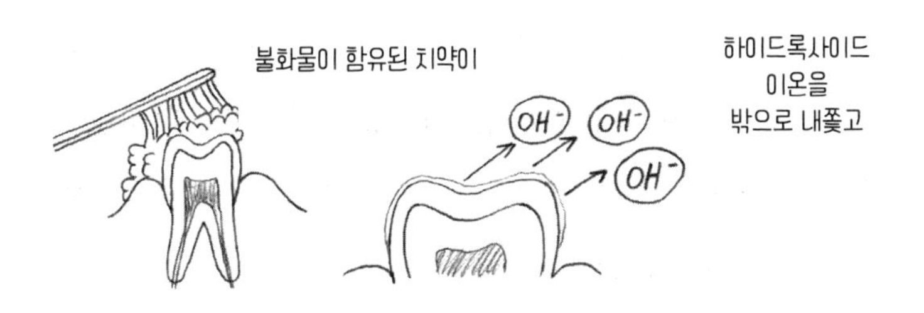

다. 참고로, 상어 이빨은 거의 100퍼센트가 플루오라파타이트다. 그래서 상어 이빨이 특히 단단하고, 물리면 엄청나게 아픈 것이다.

그렇다면 불화물이 없는 요나스의 치약은 어떨까? 한마디로, 그다지 좋지 못하다. 불화물 대신에 하이드록시아파타이트, 그러니까 치아의 법랑질이 들어 있다. 법랑질이 녹으니 그냥 법랑질을 추가하면 된다는 논리가 여기에 적용됐다. 그러나 산성 치태를 막아주는 보호막은 그런 식으로 형성될 수 없다. 충치균은 신나고, 크리스티네는 절망하고, 요나스는 불화물이 솔방울샘을 굳어지게 한다고 주장하는 상황이다.

중요한 것은 용량이다

충치야 어떻든 간에, 과연 불화물이 정말 독일까?

독일의 연금술사 파라켈수스(Paracelsus)가 아주 중요한 말을 했다. **"용량이 독을 만든다."** 파라켈수스는 정확히 이렇게 말했다. "모든 것은 독이고 독이 없는 것은 없다. 독성을 없애는 것은 오직 용량뿐이다."

다량의 불화물은 독일 수 있다. 어른의 경우에도 몇 그램이 즉각적이고 치명적인(그러니까 죽음에 이르는) 결과를 가져올 수 있다. 그 정도 용량을 사용한다는 시나리오를 화학 실험실 밖에서는 도저히 상상할 수 없다. 치약 먹기 대회가 열린다 해도, 불화물이 치사량에 도달하기 전에 분명 토하게 될 것이다. 그러나 장기간에 걸쳐 불화물을 과량 섭취하면 골격 불소 중독증에 걸려 뼈가 쉽게 부서질 수 있다. 예를 들어 철이나 도기 공장에서 일하는 사람들은 불화물이 함유된 물질을 다루면서 다년간 불화물을 흡입하기도 한다. 환경오염이 심한 지역에서는 수돗물에 불화물이 다량 함유되어 장기간에 걸쳐 불화물이 체내에 흡수된다. 예를 들어 중국이나 멕시코시티를 대상으로 한 관련 연구가 있는데, 다행히 독일의 수돗물은 아직 한계치를 넘지 않았다(이에 대해서는 10장에서 자세히 이야기하겠다).

그렇다면 불화물이 첨가된 불소치약으로 양치질을 하는 건 안전할까? 치약의 불화물 함유량은 철저히 통제되어, 효력을 내되 안전한 농도에 맞춰진다. 내 치약에는 '1,450ppm F^-'라고 적혀 있다. 약 700개 입자 중에서 1개가 불화물 이온이라는 뜻이다. 이 이상은 필요치 않은데, 불화물 이온 몇 개면 치아 표면에서 충치를 예방하는 데 충분하기 때문이다.

단, 수돗물에 이 정도의 농도로 불화물이 들어 있으면 위험하다. 명심하자. 농도는 언제나 맥락을 봐야 한다. 양치질의 경우 입안에 한정되고, 치약의 양을 조절할 수 있으며, 대부분 다시 뱉어낸다. 치약을 자꾸 삼키는 아이는 예외지만 말이다. 어차피 아이들은 온갖 것을 먹지 않는가. 당연히 치약은 안 먹는 게 좋은데, 어린이들은 잠시 한눈판 사이에 삼킬 수도 있기 때문에 어린이 치약에는 불화물이 더 적게 들어 있다. 게다가 치아가 나기 시작하는 시기에는 치아 불소 중독증이 더 쉽게 생길 수 있다. 치아 불소 중독증은 법랑질에 반점으로 나타나는데, 다행히 흰색 반점일 때도 있지만 대개는 더 짙은 색으로 흉하게 생기고, 누렇다 못해 갈색인 경우도 있다.

요약하면 이런 얘기다. 치약에 허용치로 함유된 불화물은 충치 예방에 좋고, 불화물을 과량 섭취하면 불소 중독증에 걸릴 수 있다. 요나스가 주장하는 솔방울샘 석회화는 전혀 근거가 없다.

이런 두려움은 대단히 광범위하게 퍼져 있는 것 같다. 과학적으로 증명되지 않은 추측들이 인터넷 포럼이나 페이스북 그룹에서 부화되고 키워진다.

"불화물이 솔방울샘을 딱딱하게 만든다!"

"불화물이 뇌를 굳게 한다!"

"불화물이 멍청이를 만든다!"

구글에서 검색해보면 온갖 소문이 떠다닌다. 종종 과학 연구가 링크되지만 사람들은 그것을 자세히 읽지 않고, 확실한 근원도 모른 채 막연히 두려워하기만 한다. 더욱이 과학 연구가 논쟁의 든든한 근거를 제공한다 하더라도 일반인이 이를 맹신하면 문제가 될 수 있다. 우선, 과학 연구 논문은 비전문가나 일반인을 위해 쓰인 것이 아니다. 연구 논문은 전문가들 사이의 소통, 특히 전문적인 수준의 세밀한 교환을 가능케 하는 도구다. 만약 이런 연구가 과학 저널 방식으로 철저히 해석되지 않으면, 비전문가들에 의해 오해되거나 더 나아가 오용될 위험이 크다.

정확히 파헤쳐보면, 불소치약 때문에 솔방울샘이 굳을 거라는 두려움은 몇몇 부족한 연구를 근거로 한다. 이런 두려움의 주요 근원지는 멕시코시티 임산부를 조사했던 한 장기 연구인 것 같다. 수돗물과 대기에 함유된 고농도의 불화물이 또 다른 수많은 환경오염, 특히 높은 납 농도와 합쳐졌다. 나중에 아이들의 지능지수가 살짝 낮다는 사실이 확인됐지만, 그것은 단지 통계에 불과하다. 견고한 가설을 세우려면 다른 실험들도 병행해야 한다. 무엇보다 환경오염이 심각하다는 점을 고려할 때, 이 연구 결과는 불화물과 구체적인 관련이 없다(치약에 함유된 불화물은 말할 것도 없다). 그런데도 이 연구 결과는 '불화물이 자궁 속 태아를 바보로 만든다' 같은 헤드라인과 함께 미디어에서 유통됐다. 이것은 결코 좋은 과학 저널리즘이 아니다.

핸드폰이 다시 진동한다.
"진짜 기막힌 일이 뭔지 알아? 요나스는 치과에 안 간 지가 3년이나 됐대. 마지막으로 충치 치료를 받은 게 언제였는지 기억도 안 난다는 거야!!"

크리스티네는 문자 끝에 화가 잔뜩 난 모습의 이모티콘을 덧붙였다. 식식거리는 크리스티네의 얼굴이 떠올라 나는 피식 웃었다. 정말로 그동안 충치가 생기지 않았다면 요나스는 쓰던 치약을 계속 쓰면 된다. 크리스티네는 요나스의 눈먼 행운에 화가 날 테지만, 충치 위험이 모두에게 똑같은 건 아니다. 나라면 불소치약을 절대 포기하지 않을 텐데, 그랬다가는 곧바로 충치가 생길 것이기 때문이다. 아마도 어떤 사람은 pH 농도를 간단히 중화하는 플라크, 그러니까 치아 관리에 유리한 플라크를 가졌을 수 있다.

불화물 외에도 치약에는 다른 중요한 성분들이 들어 있다. 예를 들어 계면활성제가 그렇다(이것에 대해서도 뒤에서 자세히 다룰 예정이다). 치약에는 작은 입자들이 들어 있는데, 이 입자들은 바닥청소용 세제에서처럼 연마제 역할을 한다. 치약도 결국엔 치아에 남은 음식 찌꺼기를 닦아내야 하니까. 불화물 없이도 충치 없이 잘 살 수 있거든 쓰고 싶은 치약을 맘껏 써도 된다. 하지만 충치가 잘 생기고 불화물도 무섭다면, 제발 부탁이니 그냥 불소치약으로 충치를 예방하기 바란다.

매일 하는 샤워와 피부의 미생물

양치를 마친 나는 입을 헹궈내고 샤워기 아래에 선다. 그리고 속으로 묻는다. 샤워를 자주 안 하면 몸에서 얼마나 심한 악취가 날까? 분명 '스컹크 악취'까지는 아닐 것이다. 악취만 심하지 않다면, 현대 사회에서 일반화된 샤워 빈도수는 확실히 과한 것 같다. 놀랍겠지만 사실 샤워는 매일 할 필요가 없다. 오히려 매일 하면 해로울 수 있다. 왜냐고? 이것에 대답하려면 먼저 우리의 피부와 샤워젤에 대해 알아야 한다.

플라크와 마찬가지로 우리 피부에도 다양한 미생물의 변형들이 밀집해 있다. 박테리아와 온갖 미생물이 우글댄다는 걸 상상하면 불편할 수도 있겠지만, 기본적으로 이런 미생물은 전혀 해롭지 않다. 해롭기는커녕 심지어 유익하기까지 하다! 피부와 피부 미생물은 균형이 잘 잡힌 복합 생태계다.

그러나 주로 손을 통해 옮겨지는 병원균 같은 달갑지 않은 미생물도 있다. 피부는 그것에 아무런 영향을 받지 않지만, 손으로 눈을 비비거나 음식을 집으면 병원균이 몸속으로 들어간다. 그러므로 손을 비누로 깨끗이 씻는 것이 중요하다. 이것으로 우리는 마침내 욕실에서 가장 중요한 화학물질인 **계면활성제**에 도달했다.

앞에서 언급했듯이 치약에도 계면활성제가 들어 있지만, 계면활성제의 대표는 역시 비누다. 샴푸에도 계면활성제가 들어 있다. 비누 없이 그냥 물로만 씻어서는 별 효과가 없다. 우리의 피부가 **소수성**이기 때문이다. 소수성이란, 글자 그대로 옮기면 '물을 싫어하는 성질'이라는 뜻이다. 피부세포의 세포막과 중간 공간은 소수성 분자들로 이루어져 있다. 소수성 물질은 물과 섞이지 않아 물에 용해되지 않는다. 대표적인 소수성 물질이 **기름**과 **지방**이다. 그래서 소수성이라는 말 대신 '기름과 친하다'라는 뜻으로 **친유성**이라는 말을 쓰기도 한다. 식초와 기름으로 샐러드드레싱을 만들 때 물과 기름이 섞이지 않는 것을 본 적이 있을 것이다. 식초와 기름 사이에 '계면(界面)', 즉 경계를 이루는 면이 형성된다. 물 분자와 기름 분자는 아무런 관련도 맺고 싶지 않아, 서로 충돌하고 밀쳐내며 따로 떨어져 있으려 한다.

소수성의 반대가 친수성이다. '물과 친하다'라는 뜻이다. 예를 들어 알코올은 친수성이고, 그래서 물과 아주 잘 섞인다. 얼마나 다행인가. 안 그러면 술을 마실 수가 없을 테니. 에탄올 분자와 물 분자는 서로 아주 친하며 상호작용을 한다. 다시 말해, 서로를 끌어당긴다. 설탕과 소금도 친수성이어서, 물에는 아주 잘 녹지만 기름에는 잘 녹지 않는다.

원칙적으로 모든 물질은 친수성 또는 소수성으로 분류할 수 있다. 다만 그 경계가 모호하다. 우리 피부는 소수성에 가깝다. 그래서 가장 잘 보호된다. 비를 맞거나 샤워할 때 피부가 물에 녹는다면 어떻게 되겠는가! 아무튼, 피부가 소수성이라는 말은 피부와 물의 상호작용이 별로 없다는 뜻이다. 그런데 피부에 있는 땀구멍이 땀과 피지를 생산한다. 말하자면 지방, 즉 소수성 물질을 생산한다. 그리고 박테리아도 피부를 가지고 있으며, 그것 역시 소수성이다. 피지와 박테리아가 물과

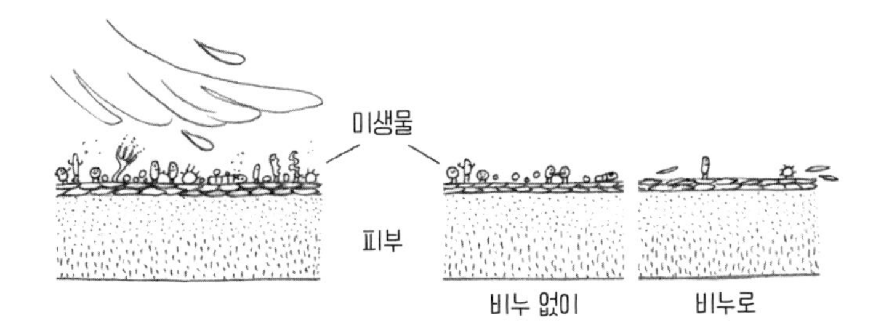

친하지 않기 때문에, 물로 씻어내더라도 이것들은 꿈쩍도 하지 않는다. 옷에 묻은 기름 얼룩을 물로 지우려고 애써본 적이 있다면, 내가 무슨 얘기를 하는지 잘 알 것이다.

물, 기름과 모두 친한 계면활성제

수천 년 전에 인간은 **비누,** 말하자면 **계면활성제**를 발견했다. 이 마법의 물질은 **양친성**이다. 말 그대로 '양쪽과 다 친하다'는 뜻이다. 즉, 소수성과 친수성의 특징이 한 분자 안에 들어 있다. 비누는 두 부분으로 구성된 긴 사슬분자다. 소수성의

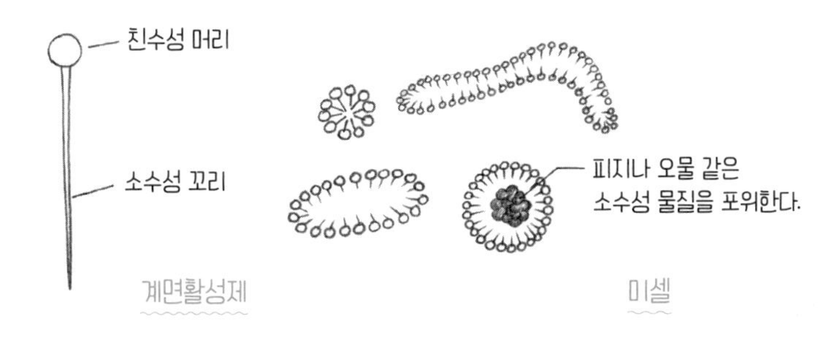

긴 꼬리와 친수성의 머리를 가졌다. 가장 흔히 쓰이는 모형이 '핀 모형'이다. 계면활성제를 아주아주 작은 핀이라고 상상해 보라. 바늘 부분이 소수성 꼬리이고, 구슬 부분이 친수성 머리다.

계면활성제를 물에 풀면 놀라운 일이 벌어진다. 분자들이 저절로 기하학적 형태를 만든다. 소수성 꼬리는 물을 싫어하기 때문에 물과 최대한 적게 닿도록 배열돼 그런 기하학적 형태가 생긴다. 소수성 꼬리들은 안쪽을 향하고 친수성 머리들은 물이 있는 바깥쪽을 향하므로, 계면활성제의 집합체인 이른바 **미셀**(micelle)이 형성된다. 미셀은 공 모양일 수도 있고, 작은 막대 모양이나 벌레 모양일 수도 있다.

계면활성제는 또한 계면을 따라 배열되는 경향이 있다. 이런 성질을 **계면활성적**이라고 한다. 올리브유와 비눗물을 유리컵에 담으면, 계면활성제 대부분이 물과 기름 사이의 경계, 즉 계면에 자리를 잡는다. 친수성 머리는 물을 향하고 소수성 꼬리는 기름을 향한다. 물과 공기의 경계면에서도 정확히 똑같은 일이 벌어진다. 공기가 실제로 소수성은 아니지만, 비누의 소수성 꼬리는 어쨌든 물이 없으니 좋다고 생각하고 공기 쪽으로 향한다.

이런 특성 덕분에 비누 거품이 만들어지고 거품 목욕도 할 수 있는 것이다. 비누 거품 하나는 아주 약하지만 사실 놀랍도록 안정적이다. 비누 거품은 물로 만들어진 공과 같고, 이 '물

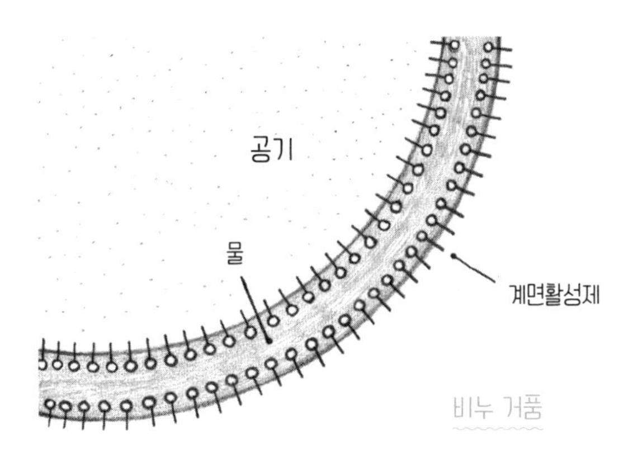

비누 거품

공' 표면은 아주 팽팽한 긴장 상태에 있다.

언뜻 우습게 들릴 것이다. 액체가 어떻게 팽팽한 긴장 상태에 있을 수 있단 말인가? 플라스틱 자를 휘면 팽팽한 긴장이 생기듯이, 물로 거품을 만들면 물에도 팽팽한 긴장이 생긴다. 이른바 물의 **표면장력** 얘기다(표면장력에 대해서는 10장에서 자세히 살펴보자).

여기서는 '물을 약간 경직시키는 힘이 물 표면에 생긴다' 정도로 생각하자. 이제 계면활성제가 물 표면을 더 유연하고 탄력 있게 만든다. 플라스틱 자가 더 부드럽고 탄력적으로 바뀌어 부러질 염려 없이 쉽게 구부려지는 것과 비슷하다. 말하자면 **계면활성제는 물의 표면장력을 낮춘다.** 그리하여 물은 쉽게 비누 거품으로 변하고, 거품 목욕에 꼭 필요한 작고 튼튼한 거품들을 무수히 만들어낸다.

계면활성제는 '양쪽 모두와 친한' 양친성이므로, 피지나 오물 또는 박테리아 같은 소수성 물질과 물 같은 친수성 물질의 훌륭한 중재자다. 손을 비누로 씻으면, 소수성 물질이 미셀 내부로 침투해 씻어낼 수 있다. 세탁 세제와 청소 세제 그리고 치약에서도 같은 원리가 통한다. 계면활성제는 일상에서 이토록 기발한 방식으로 일한다!

그렇다면 이런 기발한 작은 핀을 어떻게 생산할까?

비누는 지방으로 지방을 씻어내는 것

최초의 비누는 '잿물'을 기름이나 지방에 넣어 끓여서 만들었다. 이때 바탕이 되는 화학반응을 **비누화**라고 한다. 합당한 작명이다. 언제나 시작은 지방이다. 지방 또는 기름은 화학적으로 보면 **트라이글리세라이드**인데, 쉽게 말해 **지방산** 3개가 합쳐져 지방 분자 하나가 됐다는 뜻이다. 지방산에는 긴 소수성 꼬리가 하나 있고, 꼬리 끝에 산이 뭉쳐 있다. 이것이 친수성 머리가 되기 때문에 지방산은 비누를 만드는 데 아주 적합하다. 말하자면 계면활성제는 애초부터 핀 모양이 될 운명이었다.

그러나 산이 뭉쳐 있는 친수성 머리는 트라이글리세라이드에 단단히 붙어 있어 물과 아무런 상호작용을 할 수가 없다. 지방 또는 트라이글리세라이드를 머리가 서로 연결된 3개의 핀이라고 상상해보자. 여기에 **알칼리성** 반응물을 데려오면,

서로 연결된 머리들이 각각 분리될 수 있다. 그 반응물의 예가 잿물이다. 잿물에는 알칼리성 소금인 칼륨염이 들어 있으며, **산과 알칼리는 서로 쉽게 반응한다.**

지방에 칼륨염을 넣고 끓이면, 트라이글리세라이드의 연결된 머리가 분리되어 자유로운 지방산이 생기는데, 이 지방산의 머리가 비누화된다. 비누화란 산이 이제 불화물 이온과 비슷하게 음전하를 띤다는 뜻이다. 그리고 전하를 띠는 집단은 대부분 물과 아주 친하다. 이렇게 우리는 지방에서 계면활성제를 얻는다.

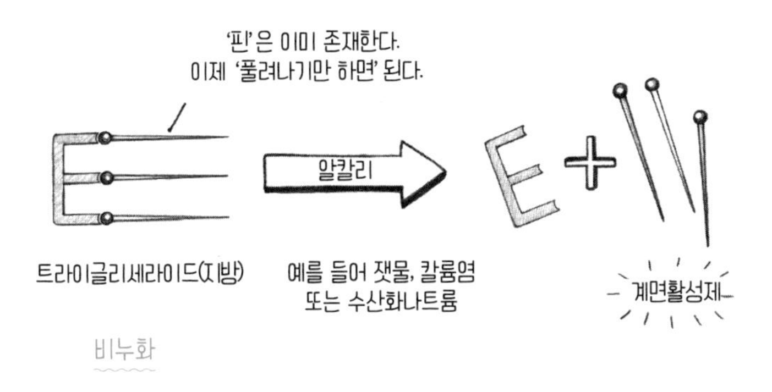

비누화

고전적인 고체 비누는 지금도 여전히 같은 원리로 생산된다. 다만 오늘날에는 잿물이나 칼륨염 대신에 수산화나트륨(NaOH)을 사용한다. 이런 강력한 알칼리는 비누화에 아주 적합하다. 수산화나트륨은 온갖 지방과 반응한다. 고체 비누를 만들 때는 전통적으로 동물 피지, 돼지기름이나 뼈의 지방 같은 저렴한 지방을 써왔다. 약간 꺼림칙하게 들리겠지만, 이런 지방들이 손색없는 비누로 재탄생한다.

이런 얘기를 왜 하냐고? 천연비누가 유행하는 요즘, 이런 전통적인 비누 생산법이 특히 흥미로워 보이기 때문이다. 요새 보면 올리브유나 코코넛 기름, 아보카도 기름으로 만든 천연비누들이 점점 더 사랑을 받는 듯하다. 천연 지방이 수산화나트륨의 도움으로 천연비누가 되는 셈인데, 이때도 전통적인 비누 생산법을 사용한다. 천연비누는 사실 고전적인 고체 비누와 크게 다르지 않다. 돼지기름 대신 매력적인 천연 기름을 사용할 뿐이다.

'○○○ 기름 100퍼센트'라고 선전되는 천연비누는 개념 정의로만 보면 결국 고전적인 고체 비누와 같다. 즉, 천연비누의 화학구조와 특징은 돼지기름으로 만든 고체 비누와 유사하다. 그런데도 마치 천연비누가 특별히 부드럽고 특별히 피부를 보호하는 것처럼 선전된다. 그리고 실제로 코코넛, 올리브, 아보카도가 아주 부드럽게 피부를 보호할 것처럼 느껴진다. 하지만 화학적으로 보면 얘기가 달라진다.

천연비누는 정말 몸에 더 좋을까?

고전적인 오리지널 고체 비누와 천연비누는 한 가지 공통점을 가지고 있다. 세척력이 아주 좋다는 것이다. 산성 머리의 친수성이 특히 강력해서 이런 비누들은 아주 철저하게 씻어 낸다. 그러나 이 말은 동시에 이런 비누가 매우 공격적이라는 뜻이기도 하다. 물론 여기서 '공격적'이라는 말이 불소처럼 공격적이라는 뜻은 아니지만, 세척력이 강력한 계면활성제는 피부를 자극하거나 건조하게 할 수 있다. 그래서 매일 샤워하는 것은 권할 만한 일이 못 된다. 피부를 '관리하고 보호하는' 아름다운 피부 환경을 강력한 세척력이 망쳐놓기 때문이다. 피지는 골치 아픈 여드름의 원흉이지만, 동시에 피부 건조를 막아주는 보호막이기도 하다. 피부가 너무 건조하면 가려울 뿐 아니라 작은 균열도 생길 수 있다. 그러면 피부는 보호층이라는 본연의 임무를 최적으로 완수하지 못하고, 박테리아와 병원균이 그 균열을 통해 내부로 침입할 수 있다.

그렇다 해도 '화학물질보다는 낫다!'라고 생각하는 사람도 있을 것이다. 천연비누 팬들은 계면활성제를 특히 미워한다. 포장지에 대부분 '나트륨 라우레스 설페이트(Natrium Laureth Sulfate)'(우리나라에서는 독일식 표기인 나트륨 대신 미국식 표기인 소듐을 채택하여 Sodium Laureth Sulfate로 쓴다-옮긴이)라고 적혀 있는데, 이런 계면활성제를 싫어하는 사람은 마트에서 결코 행복할 수 없다. 샴푸와 화장품에 압도적으로 빈번하게 사용되는 계면활성제가 바로 이 화학물질이기 때문이다.

'화학물질'이라는 말만으로도 당장 올리브유 천연비누로 바꾸고 싶다는 사람이 많을 것이다. 그런데 'Laureth'라는 단어에 'eth'가 있어서 이 계면활성제는 고전적인 고체 비누보다 조금 더 부드럽다. 그래서 미용 제품에 더 적합할 수 있다. 'eth'는 **에테르**를 뜻하는데, 계면활성제의 핀 모양에서 머리와 꼬리 사이에 있는 일종의 중간다리라고 보면 된다. 에테르는 친수-소수 눈금자에서 중간에 있다. 에테르 중간다리가 길면, 세척력은 약하지만 피부에는 덜 자극적이다. 나트륨 라우레스 설페이트가 단지 실험실에서 태어난 합성 계면활성제라는 이유만으로 더 공격적일 거라고 지레짐작해선 안 된다. 오히려 실험실에서 만들어진 덕분에 베이비샴푸에 쓸 수 있는 부드러운 계면활성제, 단순한 비누화로는 도달할 수 없는 수준의 부드러운 비누가 다양하게 생산될 수 있다.

나도 천연비누를 좋아하는데 친환경 제품이기 때문이다. 그러나 민감성 피부나 건성 피부를 가진 사람이라면 고체 비누는 오로지 손 씻는 데만 사용하는 것이 좋다. 모든 합성 계면활성제가 화학물질이라는 이유만으로 싸잡아 나쁜 제품 취급을 당하는 것이 너무나 안타깝다. 애초에 천연비누와 화학비누로 구별하는 것 자체가 전혀 달갑지 않다. 내가 알기로 천연비누를 생산하는 과정 역시 화학이다. 물론 아보카도는 자연에서 왔다(아보카도 나무에 투여된 그 모든 화학 덕분에 아보카도 열매가 열렸다는 사실을 잊지 말자). 그러나 수산화나트륨 없이는 비누가 만들어질 수 없다. 더욱이 실험실에서도 친환경 계면활성제를 생산할 수 있다. 그런데도 '無화학'이라고 적힌 상품이 더 잘 팔린다. 이 정도면 '화학 차별'이라 할 만하다. 부당한 부정적 묘사가 널리 받아들여지고 있는데 나는 이에 반대한다. 화학 차별 결사반대!

천연이든 화학이든, 진짜 문제는 화장품회사의 어처구니없는 마케팅이다. 화학자의 눈으로 볼 때 몇몇 가지는 순 엉터리다. 각종 제품을 '미셀 워터', '미셀 샴푸', '미셀 티슈' 등으로 판매하는 새로운 유행이 가장 좋은 사례다. 이런 신종 미셀 기술은 마케팅을 위해 지어낸 낱말이 아니다. 모든 계면활성제 제품에는 미셀이 들어 있을 수밖에 없다. 어쩌면 조만간 '미셀 치약'도 시장에 등장할 것이다. 벌써 눈앞에 선하다. '신상품! 無불소! 미셀 기술의 쾌거!'라고 광고하지 않을까.

초인종이 울린다. 땀 범벅에 행복한 얼굴의 마티아스에게 문을 열어주고, 나는 부러움과 양심의 가책을 동시에 느낀다. 어제 피트니스센터에서 이메일이 왔다. '아직 늦지 않았어요!'라는 제목으로.

마티아스는 내 생각을 읽었는지 환하게 웃으며 말한다. "오래 앉아 있는 것은 제2의 흡연이라고 했어!"

"흥!" 나는 콧방귀를 뀌고 다시 책상 앞으로 가 앉는다.

유튜브 스타
과학자의 하루
Komisch, alles chemisch!

장시간 앉아 있기가 왜 위험할까?

자극적인 과학 기사의 위험성

당신은 지금 아주 편안하게 앉아 있는가? 그렇다면 얼른 일어나라. 왜냐고? 다음과 같은 경고의 목소리가 곳곳에서 들려오니 말이다.

"오래 앉아 있는 것은 제2의 흡연이다."

"오래 앉아 있는 사람은 일찍 죽는다."

"운동 부족으로 죽는 사람이 흡연으로 죽는 사람보다 두 배 많다."

나는 방송 때문에 종종 외출한다. 밖에 나가면 대부분 몸을 움직이면서 보내지만, 집에서 일할 때는 확실히 너무 적게 움직인다. 특히 지금은 아주 심각한데, 책을 쓰는 일은 아주 많은 열정과 시간을 요구하기 때문이다.

주로 집에서 일하는 평일의 내 일과는 대략 다음과 같다. 마티아스와 같이 일어나 침대에서 나오자마자 컴퓨터 앞에 앉는다. "잠깐 이메일만 확인하려고"라고 하면서. 그렇게 한 시간 정도 지난 듯할 때 마티아스가 다시 방으로 들어온다. 저녁 6시다. 나는 여전히 잠옷 차림으로 약 열한 시간을 앉은 채로 일한 것이다.

확실히 나는 충분히 움직이는 것에 더 신경을 써야 한다. 오래 앉아 있는 것은 제2의 흡연이니까! 이 점은 **"과학적으로도 증명됐다."** 그러니 친애하는 흡연자 여러분, 이제부터는 담배를 앉아서 피우지 말고 산책하며 즐기시라!

오래 앉아 있는 것은 제2의 흡연이다?

만약 '과학적으로 증명된' 어떤 사실이 황당하게 느껴진다면, 그것은 과학적으로 확실하게 증명되지 않았거나 느낌만큼 그렇게 황당한 일이 아니기 때문일 것이다. '오래 앉아 있는 것은 제2의 흡연이다'라는 말은 진실성도 있고 설득력도 높다. 나쁜 소식부터 시작하자. 그러니까 진실성부터.

심혈관 질환, 과체중, 2형 당뇨, 암, 우울증. 이 모든 것이 '좌식 생활양식'과 관련이 있다. 학계에서는 '오래 앉아 있는 것'을 그렇게 표현한다. 우리 조상들은 얼마나 오래 앉아 있었을까? 그들도 기회가 있을 때마다 바위나 맨바닥에 웅크리고 앉았을까? 그래서 인류는 언제부턴가 의자를 만들기 시작한 걸까? 아니면 오래 앉아 있기는 우리의 생체와 모순되는, 그래서 위험한 문화적 발달일까? 전문가들은 대개 후자를 믿는다.

의사 벤저민 배들리(Benjamin Baddeley)는 '앉아 있는 것은 새로운 흡연이다: 우리는 어디에 서 있는가?(Sitting is the new smoking: Where do we stand?)'라는 글에서 다음과 같이 썼다.

"외계인이 지구를 방문한다면, 현대인의 생활 방식 중에서도 특히 신체 활동 상황에 깜짝 놀랄 것이다. 600만 년 동안이나 사냥과 채집 생활을 한 인간이 이제 따뜻한 실내에서 기어 다니고, 안락한 의자에 눕듯이 앉아 번쩍이는 화면을 응시하며 힘겨운 중력을 견디고, 기계식 계단을 이용해 힘들이지 않고 위아래로 이동하고, 심지어 따뜻한 상자 안에 앉아 대륙을 횡단한다. 그런데 혼란스럽게도 이 사람들은 나중에 '시간을 내서' 이렇다 할 이유도 없이 밖에서 달린다. 아니면 더욱 기이하게도 '피트니스센터'라는 곳에 돈을 내고 들어가 무거운 물건을 반복해서 들었다 내렸다 하거나 회전하는 컨베이어벨트 위에서 얼굴이 벌겋게 달아오르고 땀범벅이 될 때까지 달린다."

젠장. 나는 피트니스센터에 돈만 내고 가지도 않았다. 다시 말해 '특히 조용한 회원'이다! 추측건대 나처럼 조용한 회원이 아주 많을 것이다.

실제로 인간이 '비전염성 질환(Noncommunicable Diseases, NCDs)'에 걸리는 일이 예전보다 흔해졌다. 비전염성 질환은 말 그대로 전염성이 없음에도 전염병처럼 퍼지고 있다. 비전염성 질환은 천천히 진행되는 만성 질환으로 심혈관 질환(심근경색 또는 뇌졸중), 암, 만성 폐 질환, 2형 당뇨가 네 가지 주요 범주로 꼽힌다. 전 세계적으로 사망자의 71퍼센트가 비전염성 질환으로 사망했다. 또한 세계보건기구에 따르면, 30~69세 1,500만 명이 매년 비전염성 질환으로 사망한다고 한다. 당신의 하루를 망치려고 이런 얘기를 하는 게 아니다. 비전염성 질환의 대부분은 예방할 수 있기에 얘기하는 것이다. 가장 큰 위험 요소가 우리 손에 달렸다. 흡연, 과음, 건강에 해로운 식습관, 그리고 운동 부족.

운동이 좋고 운동 부족이 나쁘다는 사실을 우리는 이미 오래전부터 알고 있다. 그리고 앉아 있으면 거의 움직이지 않는다는 것도 명확하다. 그런데 오래 앉아 있는 것이 실제로 얼마나 위험할까?

영리하게 굴자면, 그냥 구글에 '오래 앉아 있는 것은 제2의 흡연이다'를 입력해 몇몇 기사를 검색하면 된다. 정기적으로 운동을 하더라도 오래 앉아 있는 것의 해로움을 상쇄하지 못할 거라는 기사도 심심찮게 있다. 맙소사, 그렇다면 피트니스센터에 가나 안 가나 매한가지 아닌가. 오래 앉아 있는 한, 어차피 구제 불능이다! 핵심은 한자리에 너무 오래 앉아 있지 않는 것이다. 최소한 한 시간에 한 번은 잠깐씩 일어나고, 가장 좋기로는 서서 쓰는 책상을 지금 당장 사는 것이다. 그렇게 하지 않으면 결국 오래 앉아 있게 돼 피트니스센터에서 또는 조깅을 통해 땀과 힘을 들여 확보한 건강상의 모든 이득을 잃고 만다. 그렇게 보면, 오래 앉아 있는 건 운동을 하지 않는 수동적 행위일 뿐 아니라 건강을 해치는 적극적 행위이기도 하다.

이런 주장을 하는 이유가 뭐냐고?

당장 답해주고 싶은 마음 굴뚝 같지만, 먼저 당부해둘 것이 있다. 한 가지만 인정하고 가자. 과학에는 간단하면서도 정확한 대답은 존재하지 않는다는 것. 과학은 명확한 사실을 제시한다고 믿고 싶겠지만, 항상 그런 건 아니다. 과학이 명확한 수치와 측정치를 제시할 수는 있다. 그러나 그 해석이 종종 너무 복합적이라, 사실이 자동으로 유추되진 않는다. 대개는 먼저 추측을 하고 이 추측을 실험으로 확인한다. 그러므로 이것은 아직 사실이 아니다. 그저 근거가 잘 마련된 추측에 불과하다.

과학은 왜 콕 집어 말해주지 않는 걸까?

또한 우리는 '과학적으로 증명된' 주장이 곧 '사실'이라고 기꺼이 믿는다. 그러나 '사실'은 종종 그저 근거가 잘 마련된 최신 추측들의 합일 뿐이다. 새로운 실험들이 새로운 지식을 발표하고, 그것은 지금까지 '사실'로 믿었던 것을 의심하게 한다. 그러므로 과학적으로 사고하고 싶은 사람이라면 한 가지 간단한 대답에 만족하지 않을 준비가 되어 있어야 한다.

사례를 하나 들어보겠다. 내가 직장 동료들을 저녁 식사에 초대했다고 하자. 그중 파울이라는 동료는 처음 초대했다. 그래서 나는 파울이 좋아하는 음식이 뭔지 모르고, 평소 얼마나 많이 먹는지도 모른다. 아무튼 나는 늘 인기가 좋고 예상대로 모두가 흡족해하는 나의 시그니처 요리인 리소토를 준비한다. 그리고 파울은 리소토가 아주 맛있다고 칭찬했으면서도 혼자만 음식을 남겼다.

파울은 왜 리소토를 남겼을까?

여기에는 여러 가지 대답이 있을 수 있다.

- 리소토가 파울의 입맛에 안 맞았다.
- 파울은 배가 별로 안 고팠다.
- 파울은 원래 소식을 하거나 지금 다이어트 중이다.

어떤 대답이든 모두 간단하다. 그렇지 않은가? 자, 이제 과학자라면 다음과 같이 대답할 것이다.

파울은 이날 저녁 식사에 초대된 다른 모든 사람보다 적게 먹었다. 파울이 평균 이하로 적게 먹었거나 다른 손님들이 평균 이상으로 많이 먹었을 가능성이 있다. 어쨌든 파울만 유일하게 음식을 남겼다. 그리고 다른 손님들은 이전에도 똑같은 리소토를 남기지 않고 많이 먹었다. 이 모든 사실을 종합하면, 음식을 남긴 이탈 행동의 원인은 파울에게 있음이 분명하다.

음식을 남긴 원인은 여러 가지일 수 있다. 하나는 파울이 평균보다 배가 덜 고팠을 수 있다. 이것이 일반적으로 적용

가능한지는 지금 이 시점에서는 확정할 수 없다. 파울이 이날 점심을 평균 이상으로 많이 먹었거나 평소에 저녁을 적게 먹을 가능성이 있다.

파울의 입맛이 또 다른 원인일 수 있다. 어쩌면 리소토가 그의 입맛에 맞지 않았을 수도 있다. 원래 리소토를 싫어하거나 마이의 시그니처 리소토가 특히 맛이 없었을 수도 있다. 파울이 리소토의 맛을 칭찬했으니 그건 아니라고 할 수 있지만, 과거에도 종종 목격됐듯이 그런 표현이 반드시 진실과 일치하는 건 아니다. 그저 초대해준 사람과의 사회적 유대를 강화하기 위해서이거나 일반적인 에티켓을 따른 것일 수 있다. 지금은 파울의 평소 식습관과 사회적 태도에 관한 정보가 전혀 없으므로, 이 가능성을 신중하게 다뤄야 한다.

또한 여러 원인이 혼합됐을 가능성이 있다. 그러나 현재 다양한 요소의 영향을 측정할 수 없다. 후속 연구가 필요할 것이다.

이 '파울-리소토' 논문을 읽다 말고 책을 덮어버리진 않았기를 빈다. 지금까지 학술 논문을 한 번도 읽어본 적이 없다면, 논문들이 **딱 이런 식**이라고 생각하면 된다. 맹세컨대, 결코 과장이 아니다. 과학 논문이 아니라 과학 기사라면, 이 정도로 어지럽지는 않다. 당연히 과학 저널리즘의 훌륭한 기술 덕분이지만, 때때로 연구 결과에 대해 잘못된 또는 심하게 단순화된 해석을 만나게 된다.

그러나 신문 기사를 기반으로 해서는 실제 연구 결과를 점검하기 어렵다. 물론 신문 기사가 다룬 논문을 직접 읽어볼 수는 있지만, 논문에서 네 단어에 하나씩 전문용어가 나온다고 생각해보라. 그것이 학술 논문의 현실이다. 학술 논문은 여러 면에서 이해하기가 아주 어렵다! 학술 논문은 다른 언어, 즉 전문용어를 사용한다. 그 언어는 아주 세밀하고 객관적이고 어쩌고저쩌고여서 핵심을 명확히 파악하기가 징글징글하게 어렵다. 그러니까 내 말은 나의 '파울-리소토' 논문은 그나마 쉬운 언어로 작성됐다는 것이다. 그런데도 당신은 이 논문을 읽고 파울과 리소토의 연관성을 짧게 요약하기 어려울 것이다. 안 그런가?

간단하고 자극적인 과학 기사의 위험성

이제 미디어가 과학적 내용을 전달하는 게 얼마나 중요한지 명확해졌다. 당신에게도 혹시 그런 경험이 있을지 모르겠다. 논문을 한번 읽어보겠다고 생각했지만 중도에 포기하고 만 경험 말이다. 게다가 웬만한 논문은 돈을 내야만 볼 수 있지 않은가. 그러니 좋은 과학 저널리즘은 매우 중요하다.

그러나 모든 저널리스트는 독자들이 아주 단순한 대답을

좋아한다는 사실을 안다. 헤드라인으로 핵심을 콕! 간단하고 자극적이면 더 좋다! 그래서 '오래 앉아 있는 것은 제2의 흡연이다'라거나 '파울은 마이의 리소토를 싫어한다' 같은 헤드라인이 탄생한다.

아무튼, 전 세계의 미디어가 오래 앉아 있는 것의 위험성을 어찌나 흥분해서 다뤄댔던지, 미디어 자체가 연구 대상이 됐다. 호주의 커뮤니케이션 학자들이 이를 보도한 약 50개 신문 기사를 분석했다. 온라인신문과 종이신문을 모두 포함한 조사였는데, 결과가 매우 흥미롭다.

첫째, 기사의 약 30퍼센트가 운동의 건강 효과를 무색하게 할 정도로 오래 앉아 있는 게 아주 해롭다고 설명했다. 이에 따르면 '제2의 흡연'이라는 표현은 절대 부당하지 않을 것이다. 여기까지 읽고 충격을 받아 벌떡 일어났다면, 다시 자리에 앉기 바란다. 그게 정말 맞는지 지금부터 따져볼 참이니까.

실제로는 앉아 있기의 해로움을 스포츠와 운동으로 완전히 상쇄할 수 있다는 과학적 증거가 아주 많다. 아주 오래 앉아 생활하는 사람에게는 매일 한 시간 반씩 걸으라고 권하기도 한다. 그렇다면 매일 조금씩 운동하는 것이 아니라 일주일에 한두 번씩 몰아서 해치우는 것도 효과가 있을까? 그렇다. 일주일에 단지 하루 이틀만 운동하더라도 오래 앉아 있기의 위험을 방어할 수 있다.

오래 앉아 있는 것을 건강을 해치는 능동적 행위로 정의하는 것은 위험하다. 대부분은 '오래 앉아 있는 것은 제2의 흡연이다' 같은 헤드라인에 충격을 받고, 다시 조깅화를 꺼낸다. 크리스마스 쿠키와 거위 요리가 추가한 칼로리를 태우기 위해 파티가 끝나면 피트니스센터로 달려가는 의욕적인 사람들이다. 그런데 나는 의욕을 잃고 '이제 피트니스센터에 가봐야 무슨 소용이람'이라고 생각하는 사람에 속한다.

과학적으로 보면, 앉아 있기의 위험은 완전히 과소평가됐다고 할 수 있다. 운동을 하고자 할 때는 오래 앉아 있기와 연관된 방정식으로 봐야 한다. 다만, 적게 앉아 있기 역시 많이 운동하기 못지않게 실천하기가 어렵다. 이것 역시 과학적 근거가 있는데, 앉아 있는 시간을 날마다 조금씩 줄여야 한다. 그래야 일주일에 단지 하루 이틀만 운동할 때와 비슷한 효과를 얻을 수 있다. 적게 앉아 있을지, 매일 산책할지, 일주일에 한 번씩 몰아서 운동할지 결정하려면 먼저 자신에게 물어야 한다. 이 셋 중에서 나는 무엇을 가장 쉽게 실천할 수 있는가?

여기에는 다이어트와 같은 원리가 적용된다. 내가 견딜 수 있는 다이어트가 효과적인 다이어트다. 그런 면에서 본다면 모든 과학적 결과를 훨씬 구조적으로 해석할 수 있다. 건강한 운동 포트폴리오에 한 가지 활동을 추가하면 된다. 바로, 적게 앉아 있기다! 운동을 싫어하거나 할 수 없는 사람들을 위한 효과적인 대안이다. 다만, '오래 앉아 있는 것은 제2의 흡연이다' 같은 헤드라인이 '적게 앉아 있는 것은 제2의 운동이다'보다 확실히 시선을 끌기는 한다.

둘째, 기사의 약 25퍼센트가 사무직 노동자들이 특히 위험하다고 강조했다.

사무실에서 일하는 사람이 당연히 오래 앉아 있다. 그러나 통계를 보면 매우 흥미로운 사실이 발견되는데, 앉아 있다고 해서 다 똑같은 게 아니다. 사무실에서 오래 앉아 있는 사람은 텔레비전 앞에서 오래 앉아 있는 사람보다 더 건강하게 산다. 그렇다면 사무실에서는 양심의 가책 없이 앉아 있어도 되고, 텔레비전을 볼 때는 일어서야 할까?

수치만으로는 유의미한 사실을 제시하지 못하는 아주 좋은 예다. 왜 이런 결과가 나왔는지 알아보자. 사무실에서 일하는 사람은 대개 사회경제적 지위가 높고, 어느 정도의 교육 수준을 가졌으며, 어느 정도의 생활 수준을 유지할 능력이 있다. 이런 요소들이 일반적으로 육체적 · 정신적 건강에 이롭다. 그래서 통계로 볼 때 부유한 사람이 더 건강하다.

반면 텔레비전을 많이 보는 것은 통계적으로 낮은 사회경제적 지위, 낮은 교육 수준, 높은 실업률과 관련이 있다. 이 요소들은 육체적 · 정신적 건강에 해로운 요소들과 또 관련이 있다. 단적인 예로 건강에 해로운 식습관을 들 수 있다. 텔레비전을 많이 보는 사람은 몸에 안 좋은 음식 광고에 더 많이 노출된다.

이 모든 것이 얼마나 복잡해질 수 있는지 보라. 얼마나 많은 사람이 텔레비전 앞에 또는 사무실에 오래 앉아 있는지 알아내는 일은 비교적 쉽다. 하지만 이런 자료에서, 앉아 있기가 건강에 어떤 영향을 미치는지 유추하기란 불가능에 가깝다. 달리 말하면 텔레비전을 많이 보는 것이 비전염성 질환 위험과 연결된다고 해서 앉아 있는 것이 위험하다는 결론이 자동으로 도출되는 건 아니다. 너무나 복합적인 방정식이기 때문이다.

그러나 한 가지는 확실히 말할 수 있다. 비전염성 질환은 사회경제적 지위와 연관성이 매우 높다는 것이다. 국제적으로 보면, 비전염성 질환의 80퍼센트가 저소득 국가에 속한다. 그러므로 전 세계적으로 볼 때 사무직 노동자가 가장 큰 희생자인 것은 아니다. 다만, 사무실에서 오래 앉아 있는 것의 위험성을 강조하는 미디어의 입장은 이해할 만하다. 보도의 표적 집단이 사무직 노동자이기 때문이다. '지금 이 순간 당신은 담배를 피우고 있는 거나 마찬가지다'라는 기사를 사무실 의자에 앉아 읽고 있을 사람들 말이다.

셋째, 기사의 90퍼센트 이상이 운동을 개인의 책임으로 돌렸다. 맞는 말 아닐까? 나 역시 앞에서 비전염성 질환의 주요 위험 요소가 우리 손에 달렸기 때문에 예방할 수 있다고 쓰지 않았는가. 이 주제에 관한 보도들이 저지른 실수를 나도 똑같이 저지르지 않기 위해, 서둘러 부연설명을 하고자 한다.

당연한 얘기지만, 근육을 움직이는 사람은 결국 나다. 하지만 나의 의지력에 영향을 미치는 외적 요인들이 아주 많다. 예를 들어, 나는 피트니스센터에 돈을 쓸 수 있을 만큼 부유하다. 심지어 운동도 하지 않으면서 낸 돈을 아까워하지 않을 정도로 부유하다. 나는 자영업자다. 매시간 자리에서 일어나 팔벌려뛰기를 하더라도 째려보는 상사나 동료가 없다. 그리고 신체적 건강을 관리할 수 있을 만큼 정신적으로 건강하다. 나는 이런 사람이다!

"조금 더 움직이자"라고 말하기는 쉽지만 실천하기는 매우 어렵다. 그리고 어떤 사람들에겐 특히 더 어렵다. 비전염성 질환의 80퍼센트가 저소득 국가에 속하는 현실은 인간의 의지력이 아니라 사회경제적 지위, 그리고 그것과 연결된 수많은 복합적 요인에 달렸다.

비전염성 질환에 맞서 싸우고자 할 때 조일 수 있는 나사는 아주 많다. 교육과 계몽에서 시작하여, 기업이 근무 환경에 도입할 수 있는 구체적인 정책에 이르기까지. 예를 들어 높이 조절이 가능한 사무용 책상을 제공하거나 근무 시간 안에 운동을 할 수 있도록 제도적 장치를 마련하는 방법 등이 있다.

이 모든 옵션 중에서 나는 무엇을 선택할 수 있을까? 최소한 이 책을 끝내기 전까지는 피트니스센터에 자주 가지 못하는 것에 더는 양심의 가책을 느끼지 않을 것이다. 그 대신 한 시간에 한 번씩 자리에서 일어나 팔벌려뛰기를 20회씩 할 것이다. 또는 저녁에 밖에 나가 걸을 것이다. 아니면 두 가지 다 하거나.

연구 결과에서 당신이 무엇을 가져갈지는 당신 자신에게 달렸다. 그러나 무엇보다 우리는 간단한 대답에 만족하지 않고, 한 주제의 다양한 면을 볼 준비가 되어 있어야 한다. 뭔가를 정확히 이해할 때만 좋은 결정을 내릴 수 있기 때문이다.

자, 이제 나는 잠시 운동을 해야겠다. 당신도 일어나 좀 움직이는 게 좋을 것이다.

유튜브 스타
과학자의 하루
Komisch, alles chemisch!

세상은 원래 뒤죽박죽이야

무질서한 책상에서 발견하는 법칙들

"평소엔 뭘 해? 유튜브 말고?"

대부분은 내가 유튜브 채널 운영 말고도 뭔가 다른 일을 할 거라고 확신한다. 물론 나는 다른 일도 한다. 하지만 그건 오로지 내가 미쳤기 때문이다. 과학 동영상을 매주 한 편씩 업로드하는 일만으로도 보통 직장생활과 맞먹을 만큼 아주 바쁘고, 정말이지 심심할 틈이 없다. 영상을 녹화하고 편집하는 데 시간이 많이 드는 건 물론이고, 자료조사와 대본 작성에도 그만큼의 시간, 아니 훨씬 더 많은 시간이 든다. 게다가 광케이블이 연결되기 전까지는 유튜브에 파일을 업로드하는 데만 하루가 꼬박 걸렸다. 동영상 자료를 업로드하려면 기가바이트가 필요하기에, 어떤 인터넷이냐에 따라 파일을 우편으로 보내는 게 더 빠를 수도 있다.

방금 편집을 끝냈고 이제 동영상을 업로드하는 일만 남았다.

무질서한 것은 창피한 것일까?

내 책상이 가끔 영상에 등장하는데, 당연히 완벽하게 정돈된 상태다. 하지만 그것은 보여주기 위해 특별히 신경 쓴 결과다. 내 책상의 평소 모습은 창피할 정도로 완전히 뒤죽박죽이다. 오해하지 마시라. 나는 원래 뒤죽박죽인 사람이 절대 아니다. 내 생활은 대부분 완벽하게 조직되어 있다. 예를 들어 일정표와 이메일, 그러니까 전자기기로 정돈할 수 있는 모든 일이 그렇다. 하지만 아날로그 세상에서는 질서를 유지하기 위해 꽤 애를 써야만 한다. 특히 집에서 일하기 시작한 이후로, 그래서 나의 무질서를 아무도 방해하지 않게 된 이후로 혼돈은 점점 심해지고 있다. 나는 사람들이 집에 놀러 오는 걸 아주 좋아하지만, 예고 없이 불쑥 오면 절대 안 된다. 아주 가까운 친구들만 아는 나의 혼돈을 보여주고 싶지 않으니까.

여기서 질문 하나. 왜 나는 무질서하다는 점에 창피함을 느끼는 걸까? 사실 난 지저분한 책상을 왜 부끄러워해야 하는지 잘 모르겠다. 이와 관련하여 어떤 논리적인 이유도 찾지 못했다. 자기 책상을 통제하지 못하는 사람은 자기 삶도 통제하지 못한다! 대략 이런 식으로 주장할 수 있겠으나 그것은 설득력이 없다. 뒤죽박죽인 책상이 작업에 방해가 된다면, 나는 책상 정리에 안간힘을 썼을 것이다. 비효율성을 끔찍이 싫어하기 때문이다. 뭐가 어디에 있는지 나는 다 안다. 그리고 물건을 찾느라 시간을 허비한다는 생각이 들면 즉시 정리정돈을 시작한다. 전체적으로 보면 이런 생활 방식이 시간을 훨씬 많이 아껴주는데, 나는 정리정돈을 아주 재빠르게 해치우기 때문이다. 이 얼마나 논리적인가. 나는 뒤죽박죽이 아니다. 단지 실용적일 뿐이다!

하지만 '질서'는 확실히 인간적인 욕구인 것 같다. 인정할 수밖에 없다. 질서와 행동은 손에 손을 잡고 나란히 걷는다. 과학적으로 입증된 사실이다. 심리학자 케이티 릴젠퀴스트(Katie Liljenquist)가 목격한 바에 따르면, 세척제의 레몬 향만 맡아도 우리는 윤리적으로 더 바르게 행동한다.

이 심리학자는 두 집단을 각각 다른 방에 들여보냈다. 인테리어는 똑같지만 A 방에서는 아무 냄새도 나지 않고, B 방에서는 레몬 향이 났다. 놀랍게도 B 방에서 레몬 향을 맡은 사람들은 제공된 게임을 하는 동안 더 공정하고 관대하게 행동했고, 자선단체에 기부금도 기꺼이 냈다. 레몬 향이 청결을 연상시켰기 때문일까, 아니면 레몬 향 자체에 마법의 효과가 있는 걸까?

몇 년 뒤에 심리학자 캐슬린 보스(Kathleen Vohs)가 이 주제를 더 근본적으로 다뤘다. 캐슬린 보스는 두 집단을 각각 정돈된 방과 정돈되지 않은 방에 들여보냈고, 서로 연관성이 없는 다양한 과제를 풀게 한 후 설문지에 답하게 했다. 설문지에는 기부를 부탁하는 내용도 들어 있었다. 레몬 향 실험과 비슷하게, 정돈된 방이 도덕성과 비례했다. 정돈된 방에 들어간 사람들이 명확히 더 많이, 기꺼이 기부하겠다고 응답했다.

실험이 끝나고 참가자들에게 작은 선물을 주었다. 참가자들은 사과와 과자 중에서 고를 수 있었다. 정돈된 방에서 시간을 보냈던 사람들은 주로 사과를 선택했고, '쓰레기더미'에서 지낸 사람들은 건강에 나쁜 과자를 선택했다. 그러니 바르게 살려면 질서와 구조가 필요한 것 같다.

똑같은 실험을 반복했을 때 똑같은 결과가 나올 가능성

나는 심리학 실험 결과를 즐겨 다룬다. 화학 실험보다 더 좋은 주제일 때가 많기 때문이다. 하지만 애석하게도 그럴 때마다 속으로 묻게 된다. 이 실험들의 **재현 가능성**은 얼마나 될까? 재현 가능성이란, 다른 피험자를 대상으로 똑같은 실험을 똑같은 방식으로 반복했을 때 똑같은 결과가 나올 가능성을 말한다. 과연 똑같은 결과를 얻을까? 안타깝게도 항상 그런 건 아니다. 적어도, 자주는 아니다.

2015년에 과학자 270명이 힘을 합쳐 거대한 실험을 진행했다. 그들은 이미 발표된 심리학 실험 98개를 선별하여 재현해보았다. 원래 실험과 똑같은 결과를 얻은 경우는 절반 이하였다. 좋게 표현해서, 정신이 번쩍 드는 결과다. 더 솔직하게 표현하자면, 젠장 어떻게 그럴 수가 있지?

이것은 과학적 방법, 즉 자료수집과 분석 방식의 문제다. 과학에 흥미가 있다면 한 가지를 명심하라. **실험 결과가 어떤 방식으로 도출됐는지 알 수 없다면, 그 결과는 아무 의미가 없다.**

조금 더 깊이 들어가 보자. 당신이 새로운 약을 개발했고, 이제 그 약의 효력을 확인하기 위해 임상시험을 한다고 상상해보라. 이때 필수 황금률은 이른바 **무작위 대조 시험**(Randomised Controlled Trial, RCT)이다. 참으로 부담스러운 용어다. 하지만 이것을 알아야 한다. 나중에 어떤 인터넷 기사가 '새로운 연구 결과'라며 당신에게 수용을 강요할 때 특히 이 개념이 유용할 것이다. RCT를 확인함으로써 그 '새로운 연구 결과'를 더 잘 평가할 수 있기 때문이다.

'무작위 대조 시험'이라는 개념을 잠깐 살펴보자. 이것이 무슨 시험인지 명확히 알아야 하니 말이다. 시험을 수식하는 두 형용사 무작위(randomised)와 대조(controlled)를 자세히 살펴보면, 이 시험이 여느 시험과 왜 다른지 저절로 해명이 된다.

'대조'부터 시작해보자. 바로 앞에서 가정한, 당신의 신약 임상시험으로 돌아가 보자. 당신의 신약이 지연 행동, 그러니까 중요한 과제를 미루고 미루다 막판에 이르러서야 허겁지겁 처리하는 좋지 않은 버릇을 치료한다고 상상해보자(물론 아직 그런 약은 없다. 그러니 당신이 개발한다면, 어머 어머 어머, 당신은 엄청난 부자가 될 것이다). 당신은 이제 무엇을 해야 할까?

신약은 실험실에서 세포실험과 동물실험을 꼼꼼하게 거친 뒤에 임상시험이 진행된다. 이때 당신은 최대한 많은 사람에게 신약을 처방하고, 그들이 약을 먹은 뒤 더 생산적으로 변해 할 일을 덜 미루는지 어떤지 관찰한다. 그러나 그것만으로는 충분치 않다. **대조 실험**을 꼭 해야 한다. 대조 실험을 위해서는 두 번째 집단, 즉 대조군이 필요하다. 대조군은 신약 대신에 **플라세보**, 그러니까 효능 물질이 함유되지 않은 가짜 약을 받는다. 플라세보효과 덕분에 대조군 역시 더 생산적으로 변해 할 일을 덜 미루게 될 것이다. 특정 효과를 내는 약을 먹는다고 생각하면(또는 믿으면), 이것이 종종 '자기실현적 예언'으로 이어진다. 즉, 믿는 대로 이루어진다. 따라서 대조군의 플라세보보다 신약을 먹은 시험군에서 명확히 더 높은 생산성이 드러날 때만 신약의 효과를 인정할 수 있다. 이런 대조 실험이 없으면 당신의 연구는 과학적으로 아무 가치가 없다.

미루는 습관을 없애주는 신약을 예로 택한 이유가 따로 있다. 지연 행동에 플라세보효과가 중요한 역할을 할 게 분명하기 때문이다. 의욕은 결국 심리적인 것이고, 심리적인 것은 착각과 연결된다(사실 '착각'은 근본적으로 생물학적인데, 그 까닭은 7장에서 다루겠다). 하지만 플라세보효과는 의학에서도 진통제, 알레르기약, 혈압약 등에서 거의 항상 중요한 역할을 한다. 그러니 친구에게 만병통치약으로 건넬 수 있는 플라세보 약통을 가지고 다니면 좋다. 누군가가 두통을 호소하면 그냥 플라세보를 주면서 말하면 된다. "어머, 마침 나한테 두통약이 있어!" 다른 병에도 통한다. "마침 위장약이 나한테 있었네." "식물추출물로 만든 진정제가 있어. 약효가 끝내줘."

다른 한편, 플라세보효과의 부정적 형제인 **노세보효과**가 있다. 원치 않는 부작용 역시 자기실현적 예언이 될 수 있다. 실험실에서는 참여자들이 부작용을 이유로 임상시험을 중단하는 일이 종종 발생한다. 원래 플라세보 집단에 속했고 그래서 효능 물질을 복용하지 않아 부작용이 있을 수 없는데도 말이다. 무해한 식염수 주사로 이것을 입증할 수 있다. 음식 알레르기가 있는 사람에게도 식염수 주사는 무해하다. 그런데도 알레르기 물질이 없는 플라세보 주사가 진짜 알레르기 반응을 일으킬 수 있다.

시험군과 대조군으로 분류할 때는 플라세보효과와 노세보효과를 염두에 둬야 하고, 참여자들은 자신이 어느 집단에 속하는지 몰라야 한다. 그들만이 아니라 시험을 진행하고 분석하는 연구자 자신도 몰라야 한다. 참여자의 자료를 분석할 때, 그 사람이 진짜 효능 물질을 복용했는지 플라세보를 복용했는지 몰라야 한다. 과학자 역시 그저 한 인간이고 그래서 의식적이든 무의식적이든 개인적인 예상이 분석에 영향을 미쳐 객관성을 흐리기 때문이다.

말하자면 우리 과학자들은 자기 자신을 믿지 않으며, 그것은 좋은 일이다. 이런 방법을 **맹검법**이라고 하는데, 참여자와 과학자 모두에게 정보를 주지 않을 때는 **이중맹검법**이라고 한다. 데이터가 분석된 뒤에 비로소 정보를 공개한다. 이 두 가지, 즉 대조와 이중맹검법은 임상시험의 기본 조건이다.

이제 '무작위'를 보자. 내가 동영상에서 RCT, 즉 무작위 대조 시험이라는 말을 했을 때 구독자들 대부분이 아주 형편없는 실험을 연상했다. '무작위'라는 말이 '우연성'을 의미한다고 생각했기 때문이다. 그러나 RCT의 무작위란 아무렇게나 우연에 맡기는 것이 아니라 의식적으로 강제된 우연이다. 이게 무슨 뜻이냐고?

당신이 개발한 신약을 예로 들어보자. 약효가 있는지 시험하고자 할 때 당연히 당신은 약효가 있기를 바랄 것이다. 그래서 참가자들을 의식적으로나 무의식적으로 자신에게 유리하도록 시험군과 대조군으로 나눌 위험이 생긴다. 지금까지 지연 행동을 덜 한 참가자들을 시험군에 배정하고, 미루는 버릇이 심한 참가자를 플라세보 집단에 배정할 가능성이 있다. 그런 일이 생기지 않도록 실험 참가자를 컴퓨터 프로그램으로 '무작위'로 분류하여 실험 진행자가 아무런 영향도 미칠 수 없게 하는 것이다.

이제 당신은 RCT가 어째서 임상시험의 황금률인지 이해할 수 있을 것이다. 다만 매우 치밀한 방법이기는 하지만, 의학적 연관성이 너무 다양하고 복합적이라 자동으로 간단한 대답에 도달하진 않는다. 최고의 RCT에서도 실험 결과를 재현할 수 없는 경우가 발생한다.

특히 심리학에서는 재현 가능성이 심각할 만큼 낮다. 심리학자가 일을 형편없이 해서가 아니라, 심리학 실험 방법이 RCT만큼 치밀하지 않기 때문이다. 심리학 연구는 종종 설문지에 의존한다. 말하자면 참가자들의 주장을 기반으로 한다. 과연 그들의 주장을 얼마나 신뢰할 수 있을까? 아마도 그 대답은 당신이 더 잘 알 것이다. 하지만 누군가가 어떤 기분인지를 알아내는 방법으로 설문지보다 나은 것은 아직 없다. 참가자를 평가할 수 있는 전문가들과의 상세한 대화에서도 오류가 생길 수 있다. 연구자의 주관적 판단이 물리적 수치와 똑같을 수 없기 때문이다.

그러므로 심리학 실험의 재현 가능성이 낮은 게 당연하다. 또한 통계적 타당성은 특정 참여자 수가 충족됐을 때 비로소 생긴다. 좋은 연구는 가능한 한 많은 참가자를 조사한다. 따라서 대규모로 진행할 수 있는 현실적이고 재현 가능한 방법들을 찾아야 한다.

과학적 결과란 근거가 마련된 추측일 뿐

과학자들은 그렇게 올바르고도 확실하게 작업하지만, 그럼에도 오류가 생긴다. 실험 방법 자체에 이미 오류가 숨어 있기 때문이다. 그래서 나는 늘 반복해서 강조한다. 과학적 연구 결과를 다룰 때는 실험 방법에 주목하라고. 정확히 어떤 방법으로 이런 결과를 얻었는지 항상 물어라. 결과만 보면 엉뚱한 길에 도달할 수 있기 때문이다. 그렇다고 모든 심리학 연구가 헛소리라는 뜻은 아니다.

실험 결과를 비판적인 눈으로 봐야 한다는 것을 염두에 두는 한, 우리는 '세척제의 레몬 향이 우리를 착하게 만든다' 같은 결과에 기뻐해도 된다. "재밌네, 흥미로워!" 이것이 올바른 반응이다. 다음과 같이 생각해선 안 된다. "당장 아이들 방에 레몬 향을 가득 뿌려야겠어!"

애석하게도 많은 이들이 과학적 결과를 성급하게 실생활에 적용함으로써 과학을 잘못 이해한다. 범죄 예방을 이야기할 때 자주 언급되는 이른바 **깨진 유리창 이론**(broken windows theory)은 '정리정돈이 우리를 도덕적으로 행동하게 한다'라는 생각과 잘 맞는다. 깨진 유리창 이론에 따르면 길에 쓰레기 버리기, 담벼락에 그라피티 그리기, 유리창 깨기 같은 경범죄를 엄하게 처벌해야만 한다. 중범죄의 싹이 경범죄에 있기 때문이다. 질서와 정돈이 범죄를 예방하므로 경범죄를 가차 없이 무겁게 처벌해야 한다.

하지만 이 이론은 애초부터 논란이 되어왔다. 처벌이 공평하지 못할 뿐 아니라 기대했던 효과 역시 입증되지 않았기 때문이다. 과학적 결과가 단지 근거가 잘 마련된 추측일 뿐이고, 따라서 곧바로 적용하기에 항상 적합하지 않을 수 있음을 보여주는 또 다른 좋은 사례다.

우주는 혼돈을 원한다!

캐슬린 보스와 동료들은 궁금해했다. 인간에게 구조와 질서가 그토록 필요하다면, 어째서 혼돈이 계속해서 생길까? 혹시 인간에게는 질서와 똑같이 혼돈도 필요한 걸까? 널리 알려졌지만 아직 과학적으로 증명되지 않은 추측, 즉 혼돈이 창의성을 만든다는 추측을 확인하기 위해 보스는 다시 잘 정리된 방과 무질서한 방을 마련했다.

당신을 위한 창의적인 과제가 여기 있다. 당신은 탁구공 공장을 운영하는데, 탁구를 즐기는 사람들이 점점 줄고 있다고 상상해보라. 파산하지 않으려면 탁구공의 새로운 활용처를 고안해내야 한다. 새로운 활용처가 떠오르는가? 맘껏 상상해보라. 실행에 옮기기 어려운 아주 황당한 아이디어도 좋다. 혁신적으로 생각하라.

보스는 두 집단에 바로 이런 과제를 주었다. 정돈되지 않은 방의 참가자들은 더 창의적이고 혁신적인 탁구공 활용처를 찾아냈다. 예를 들어 얼음 틀로 쓰거나 분자 키트로 사용할 수 있다. 창의성의 핵심은 혁신적으로 생각하기, 사물을 평범하지 않은 맥락에서 보기, 전혀 다른 사물을 서로 연결하기다. 이때 무질서가 도움을 주는 것 같다.

또 다른 실험에서 보스는 각각의 방에 '클래식'과 '신제품' 이라는 라벨이 붙은 과일 스무디를 제공했다. 정돈된 방의 참가자들은 '클래식' 음료를 선호했고, 무질서한 방의 참가자들은 '신제품'을 선호했다. 혼돈은 익숙하지 않은 것, 혁신적인 것, 새로운 것을 받아들일 용기를 준다.

그렇게 보스는 혼돈의 좋은 면을 발견했다. 창의적이고 혁신적인 사고가 없었다면, 그리고 새로운 것을 받아들일 용기가 없었다면 예술도 과학적 진보도 없었을 것이다. 그리고 솔직히 말하면 나는 심리학 연구에 비판적 태도를 가지고 있음에도 이런 심리학 지식을 아주 기꺼이 인용한다.

나는 화학자로서 혼돈을 **열역학** 관점에서 보기를 좋아한다. 열역학은 물리와 화학이 공존하는 진정으로 아름다운 학문이다. 열역학법칙은 분자 입장에서 보면 다양한 입자들을 차별하지 않는다는 점에서 인권을 살짝 닮았다. 산소 분자와 황금 원자가 차별받지 않고 열역학법칙이 모두에게 똑같이 적용된다. 모든 생물, 모든 사물, 모든 분자, 모든 원자, 모든 물리적 과정, 모든 화학적 과정…. 열역학은 양자역학과 함께 이 세상과 이 우주에서 가장 근본적인 과학이다.

열역학은 말한다. **우주는 혼돈을 원하고 또한 혼돈이어야만 한다!** 그렇지 않다면 내가 지금 이 문장을 쓰다 말고 갑자기 질식해서 죽을 수도 있다. 내 방 공기 분자들이 갑자기 한쪽 구석으로 몰려가는 바람에 내 주변이 진공상태가 된다면 말이다. 말도 안 되는 상상이라고? 정말로 그렇게 말도 안 되는 일일까?

우리 머리 위의 폭스바겐 폴로 한 대

우리를 둘러싸고 있는 공기는 78퍼센트가 질소 가스이고 21퍼센트가 산소 가스, 나머지 1퍼센트가 희소 가스류와 이산화탄소다. 그러나 이런 가스 분자들을 한곳에 모아도 그 부피는 공간의 0.1퍼센트도 안 된다. 나머지 99.9퍼센트는 텅 빈다!

가로 · 세로 · 높이의 길이가 모두 1센티미터일 때 부피는 1세제곱센티미터다. 1세제곱센티미터의 공기 안에 가스 분자가 약 260경 개나 들어간다. 260경은 26 뒤에 0이 18개나 붙는 어마어마한 수다. 또한 공기 분자는 당연히 질량을 가진다. 분자 하나는 별로 안 무겁지만, 모두 합치면 1세제곱미터당 약 1.2킬로그램이고 이것을 **공기 밀도**라고 한다.

그리고 이 놀라운 공기 분자 무리는 질량을 가졌을 뿐 아니라 움직이기도 한다! 움직이는 속도는 기온에 달렸는데, 1장에서 이야기한 커피잔을 떠올려보라. 그렇다, 분자는 따뜻할수록 빨리 움직인다. 실내 온도에서 공기 분자는 시속 1,000킬로미터로 우리의 귀를 스친다. 그야말로 '쾌속 질주'다. 이를 공기 분자가 우리에게 압력을 가한다고 말해도 된다. 실제로 그렇기 때문이다. 압력은 면적에 닿는 힘이고, 공기 분자는 다른 모든 면적과 충돌함으로써 그것에 압력을 가한다. 공기 분자가 가하는 압력이 바로 **기압**이다. 기압은 바(bar) 단위로 표시하는데, 1bar는 1만 킬로그램의 무게가 1제곱미터를 누르는 힘이다.

내 머리 위의 면적이 0.1제곱미터라고 가정해보자. 그러면 공기는 약 1,000킬로그램, 그러니까 1톤 무게로 나를 누른다. 1톤이면 폭스바겐 폴로 한 대와 같은 무게다. 당연히 당신 머리도 자동차 한 대가 누르고 있다. 우리 모두 공기 분자로부터 쉼 없이 압박을 받는다. 우리는 도대체 어떻게 그것을 견딜까? 이런 막대한 압박을 받으면서도 어째서 우리는 전혀 느끼지 않을까?

그건 바로 우리 역시 분자로 이루어졌기 때문이다. 그리고 우리의 분자들도 기압과 똑같은 힘으로 밖을 향해 압력을 가하기 때문이다. 만약 외부 압력이 바뀌면, 우리는 아주 재빨리 고막을 통해 그것을 감지한다. 고막 안팎의 압력이 똑같은 한, 우리는 귀에 이런 얇은 막이 있다는 사실도 느끼지 못한다.

그러나 바깥 기압이 바뀌는 즉시 느끼게 된다. 비행기를 타

고 이륙하거나 착륙할 때 귀가 먹먹해지지 않던가. 바깥 기압이 오르면, 바깥 공기 분자들이 귓속 고막을 안쪽으로 민다. 바깥 기압이 내려가면, 안쪽 공기 분자들이 고막을 바깥쪽으로 민다. 그래서 귀가 먹먹해지는 것이다. 이런 경우 고막이 자유롭게 진동하지 못하기 때문에 모든 소리가 더 작게 들린다. 그러나 귀에는 유스타키오관, 그러니까 '귀 트럼펫'이라는 재밌는 별칭을 가진 일종의 배출구가 있다. 유스타키오관은 귀와 비후강 사이의 연결로이고, 보통 닫혀 있지만 씹거나 하품을 할 때 잠깐씩 열려 압력을 고르게 조절한다.

우주에 던져지면 우리 몸은 어떻게 될까?

비행기 안에서 우리가 기압의 변화를 느끼는 이유는 높은 곳일수록 공기 밀도가 낮기 때문이다. 비행기보다 더 높이 올라가면, 예를 들어 우주로 가면 어떻게 될까?

우주 전체로 보면, 활기찬 공기 분자로 가득한 대기권은 희귀 현상에 속한다. 광활한 우주는 진공이 지배한다. **진공**이란 비었다는 뜻이다. 공기 분자가 없다. 아무것도 없다. 사람이 보호복 없이 우주의 진공 속에 버려지면 어떤 일이 벌어질까? 더 생각할 것도 없다. 죽는다! 그러나 진짜 흥미로운 질문은 따로 있다. 정확히 어떻게 죽을까?

이 시나리오는 이미 수많은 SF 영화에서 소개됐다. 예를 들어 〈스타워즈: 라스트 제다이〉에서 레아가 우주로 던져진다. 그러자 레아의 몸이 얼어붙은 것처럼 작은 얼음 결정으로 뒤덮인다. 이 장면은 몇몇 스타워즈 팬들로부터 과하게 비현실적이라는 비판을 받았다. 레아가 결국은 정신을 차리고 우주선에 구조되어 살아나기 때문이다. 나 역시 이 장면이 비현실적이라고 본다. 비록 우주가 상상을 초월하게 춥더라도, 인간은 우주에서 그렇게 순식간에 얼지 않을 것이기 때문이다.

'상상을 초월하게 춥다'라는 말은 **절대영도,** 그러니까 이론적으로 온도의 최저점에 가깝다는 뜻이다. 만약 기온이 곧 입자의 움직임이라면(1장에서 말했듯이), '온도의 최저점'은 '가장 느린 움직임'과 같은 뜻이다. 그러므로 절대영도, 0켈빈(0K) 또는 영하 273.15℃는 절대적 정지 상태로 볼 수 있다. 절대적 정지 상태보다 더 차가워질 수는 없으므로, 기온에는 물리적 최저한계가 있다. 그러나 **열역학제3법칙**에 따르면 실제로

진공

절대영도에 도달하는 것은 불가능하다. 다만 우주는 절대영도에 거의 가깝다. 우주는 2.7켈빈, 즉 영하 270.45℃다. 그런 곳에서 어떻게 얼지 않을 수 있겠는가?

그것은 다시 1장의 커피와 관련이 있다. 냉각은 무엇보다 열전도를 통해 이루어지고, 열전도를 위해서는 분자가 서로 충돌해야 한다. 분자들이 더 자주 충돌할수록, 물질이 서로 더 많이 접촉하고 열전도 또한 더 잘된다. 그러므로 음료수를 차게 하는 데에는 얼음을 채운 양동이보다 얼음물을 채운 양동이가 확실히 더 효율적이다. 얼음 사이에는 공기가 있고, 공기는 물과 비교했을 때 입자가 더 성겨 입자의 충돌도 적기 때문이다. 냉장고에 넣어둔 병이 가장 느리게 차가워지는 것도 이 때문이다. 공기는 아주 게으른 열전도체다.

우주의 진공은 더 게으르다. 알다시피 우주에는 물질이 전혀 없다. 그러므로 나의 따뜻한 신체가 열을 전달할 분자도 없다. 그저 열을 방출함으로써 아주 천천히 식을 것이다. 다시 말해, 기온이 절대영도에 근접한 곳임에도 우리는 우주에서 그렇게 빨리 얼지 않을 것이다.

어쩌면 폭발하지 않을까? 외부 기압이 없어서 인체 내부에서 밖으로 밀어내는 압력에 맞서는 힘이 전혀 없다면, 폭발할 수도 있지 않을까?

안에 마시멜로가 든 초콜릿을 유리 용기에 넣고 병 속 공기를 서서히 빼내 진공상태를 만드는 친절한 유튜브 동영상이 있다. 마시멜로를 감싸고 있는 초콜릿 껍질에 금이 생기고 급기야 하얀 마시멜로가 사방으로 터진다. 그러나 우리는 다행히 초코마시멜로가 아니다. 우리의 피부와 조직은 진공상태를 버틸 만큼 튼튼하다.

우주에서는 끓고 팽창한다

폭발하지는 않더라도, 또한 덜 극적이더라도 우주에서 우리는 매우 불편할 것이다. 지구 대기층 높이, 즉 해발 18~19킬로미터까지만 올라가도 우리 몸은 끓기 시작한다. 이것을 체액비등증(ebullism)이라고 하는데, 급속한 기압 강하로 체액이 끓는 현상을 말한다. 흥미진진하게 들리겠지만, 그 증상은 절대 유쾌하지 않다. 입과 눈의 수분이 끓기 시작하고, 혈액순환과 호흡이 나빠지고, 동맥이 막히기 때문에 뇌에 산소가 제대로 공급되지 않는다. 그리고 폐가 부풀고 출혈이 생긴다. 이쯤 되면 누구나 머리 위에 폭스바겐 폴로만큼 무거운 공기 분자가 존재하기를 간절히 소망하게 될 것이다.

그런데 우리 몸이 끓는 이유가 뭘까? 끓는다는 말은 액체가 기체로 변한다는 뜻이다. 어떤 것을 끓게 하려면 원칙적으로 두 가지 방법이 있다.

첫째, 열을 가한다. 이 얘기는 1장에서 이미 다뤘다. 물을 끓이면 물 분자가 더 많이 움직인다. 계속 끓이면 움직임을 다

그치는 힘이 더욱 커지고, 물 분자들은 서로 붙잡고 있을 수 없거나 그러고 싶지 않아 증발한다.

둘째, 압력을 낮춘다. 물의 끓는점이 100℃인 것은 정확히 말해 대기 압력에서만 적용된다. 에베레스트 정상 해발 8,848미터 높이에서는 낮은 기압 때문에 70℃에서 벌써 물이 끓는다. 물은 한편으로 물 분자가 서로 꼭 붙잡고 있는 액체이지만, 다른 한편으로 기압이 물 분자를 누르고 있는 상태다. 공기 분자는 우리를 누르는 것과 똑같이 냄비 속 물 분자를 누른다. 물이 담긴 냄비를 들고 에베레스트 정상에 올라가면, 공기가 성겨져 물과 충돌하는 공기 분자가 적어진다. 즉, 기압이 낮을수록 물 분자가 냄비를 떠나 증발하기가 더 쉬워진다. 해발 18~19킬로미터 높이에서는 공기가 아주 성겨서 우리 몸의 물이 증발한다. 기압이 0인 우주에서라면 당연히 증발에 전혀 문제가 없다.

폐 안의 공기 역시 심하게 팽창할 것이다. 우리는 물질의 응집 상태에 영향을 미치는 것과 똑같이, 기체의 부피에도 이중으로 영향을 미칠 수 있다.

먼저 기온을 통해서다. **기체는 기온이 낮을수록 더 적은 공간을 차지하고, 기온이 높을수록 더 많은 공간을 차지한다.** 이것을 눈으로 확인하려면, 병을 준비해서 뚜껑 대신 풍선을 묶어 놓기만 하면 된다. 병에서 공기가 새어 나가지 않도록 단단히 묶은 채 병을 따뜻하게 하면 풍선이 즉시 팽창한다. 가령 병을 뜨거운 물에 담그면 풍선이 팽창하는 모습을 관찰할 수 있다. 병을 찬물에 넣어 식히면 풍선이 다시 쪼그라든다.

집에서 하는 실험 No. 2

또한 압력을 통해 기체의 부피에 영향을 미칠 수 있다. 풍선을 불면, 공기 분자가 풍선 안에서 풍선 표면과 충돌한다. 풍선의 크기는 얼마나 많은 공기를 불어 넣느냐뿐만 아니라, 외부에서 풍선에 가해지는 기압에도 달렸다. 외부 압력을 낮추면, 풍선은 계속 팽창할 것이다. 그러므로 거의 기체로만 이루어진 풍선은 압력이 존재하지 않는 우주에서는 실제로 폭발할 것이다.

실수로 우주에 던져진다면, 아마도 대개는 본능적으로 숨을 참을 것이다. 하지만 그렇게 하면 금세 폐가 팽창하여 폭발하고 말 것이다. 그러므로 재빨리 숨을 뱉는 편이 낫다. 하기야 어느 쪽이든 상관없다. 어차피 결국에는 죽을 테니까.

비록 우리가 초코마시멜로처럼 폭발하지 않고 피부와 조직이 멀쩡하게 남아 있더라도, 오래 버티지는 못할 것이다. 1960년대에 우주비행사 짐 르블랑(Jim Leblanc)은 진공 연습실에서 연습 중에 우주복에 구멍이 난 걸 보고 깜짝 놀라 얼른 탈출했다. 그가 의식을 잃기 직전 마지막으로 느낀 것은, 입안을 간지럽히는 끓는 침이었다. 다행히 그는 제때 공기가 가득한 곳으로 옮겨졌고 아무런 해도 입지 않았다.

이처럼 우주에서는 체액이 끓는다. 그러나 우리는 그런 고통을 느끼지는 않을 것이다. 그러기 전에 산소 부족으로 죽을 테니까. 다행스럽게도 우리의 뇌는 산소 부족 몇 초 뒤면 의식불명 상태가 된다. 그래서 우리는 아무런 고통도 느끼지 못한다. 바로 그 때문에 내가 스타워즈 비판 대열에 합류했던 것이다. 레아가 진공 공간에서 정신을 되찾았다는 설정은 정말로 말이 안 된다.

흥미로운 질문이 하나 더 남았다. 우주에서 죽으면 그다음에는 어떻게 될까? 우리 몸에서는 어떤 일이 벌어질까? 간단히 대답하면, 별일 안 생긴다. 지구에서 죽은 몸에서 일반적으로 일어나는 부패는 약간의 열과 미생물의 도움이 어느 정도 필요한, 산소와 물의 화학반응이다. 우주에는 이 모든 것이 없으므로, 시체는 완벽하게 보존될 것이다. 아무튼, 어느 정도는.

무질서는 저절로 줄지 않는다

죽음 얘기에 너무 으스스해지기 전에, 얼른 지구로 돌아가자. 내가 책상에 앉아 동영상을 업로드하는 동안 다행히 공기 분자가 넉넉히 내 주변을 질주한다. 문과 창문이 닫혀 있어 밖으로 나가지 못하더라도, 공기 분자들은 방 안에서 자유롭게 움직일 수 있다. 아무도 공기 분자에게 움직일 방향을 지시할 수 없다. 그러므로 이론적으로는, 모든 분자가 어떤 순간에 순전히 우연하게도 일제히 한쪽 구석으로 몰려 책상에 앉은 내가 더는 공기를 얻지 못하는 일이 생길 수 있다.

아주아주 낮은 확률이긴 해도, 실제로 일어날 수 있는 일이다. 그 때문에 물리화학에서는 '가능하다' 또는 '불가능하다'라고 말하지 않고, 그저 **가능성 확률**로만 말한다. 물리화학자의 사생활에서도 실제로 확인할 수 있다. 그들은 이렇게 말하지 않는다. "나는 마라톤을 절대 완주하지 못할 거야." 대신 이렇게 말한다. "내가 마라톤을 완주할 확률은 확실히 아주 낮아."

이런 '가능성 0퍼센트' 뒤에는 우리가 이미 잘 알고 있는 열역학제2법칙이 들어 있다. "창문 닫아, 온기가 나가잖아!" 1장에서 확인했듯이, 열은 언제나 따뜻한 곳에서 찬 곳으로 흐른다. 절대 거꾸로 흐르지 않는다.

이것을 훨씬 더 일반적으로 표현할 수 있다. 바로 이렇게.

무질서는 결코 저절로 줄지 않는다. 이 명제는 크게는 우주, 작게는 내 책상의 상황에 들어맞는다. 내 책상은 결코 저절로 정돈되지 않는다. 오히려 더 뒤죽박죽으로 변한다. 물리학이든 화학이든 생물학이든, 이 우주의 모든 과정은 노동과 에너지를 써서 돌려놓거나 멈추지 않는 한(내가 내 책상을 정돈하지 않는 한), 점점 더 큰 무질서로 향한다. 무질서는 심지어 엔트로피(entropy)라는 전문개념까지 갖는다. **우주의 엔트로피는 언제나 증가한다.**

내가 책상에서 질식하지 않는 것과 이것이 무슨 상관일까? 내 방의 모든 공기 분자가 서로 구속하지 않고 자유롭게 움직이며 가능한 한 무질서하고 뒤죽박죽으로 마구 날아다닌다면, 논리적으로 공기 분자들이 아주 고르게 방 안에 흩어져 있기 때문이라고 말할 수 있다. 이 분자들을 방 한쪽 구석에 모으려면, 그들의 자유로운 움직임을 제한하고 체계적으로 질서를 잡아야만 할 것이다. 하지만 그것은 우주의 법칙에 어긋난다. 따라서 불가능하다. 과학자답게 표현하자면, 당연히 그럴 확률은 없다.

또한 열역학제2법칙에 따라, 방 안의 모든 사물은 실내 온도를 갖는다(체온 37℃를 유지하기 위해 그에 합당한 노동을 하는 우리 몸은 예외다). 내가 뜨거운 커피를 방에 가져오면, 무질서의 법칙에 따라 커피 입자의 움직임이 계속해서 공간에 퍼진다. 결과적으로 혼돈은 가능한 한 균등한 배분을 낳는다. 내가 옷들을 가능한 한 뒤죽박죽으로 두고자 한다면, 옷을 색깔에 따라 분류하여 옷장에 걸지 않고 방 안 곳곳에 아무렇게나 던져놓을 것이다. 그래서 결과적으로 균등해질 것이다.

나는 공기 분자를 깊이 들이마시고, 긴장 속에 모니터를 본다. 동영상이 업로드되지 않고 있다. 나는 화를 누르며 거실로 나가 인터넷 공유기의 꺼진 불을 노려본다.

6장

핸드폰은 어떻게 기능할까

세상을 '약간 더' 좋게 만드는 일

몇 주 전 기차에서 불쾌한 일이 있었다. 식당칸에서 체리 바닐라 와플을 주문했고, 거기서 먹을 생각이었다. 그때 정장 차림의 두 남자가 내 앞자리로 와서 앉았다. 아버지 나이쯤으로 보이는 남자가 내게 말을 걸었다. "맛있어 보이네요!" 그리고 잠시 뜸을 들인 후, 내 쪽으로 몸을 기울이며 속삭이듯 덧붙였다. "와플이 맛있어 보인다고요. 하하하!" 조금 더 젊어 보이는 남자가 어색하게 따라 웃었다.

말없이 경멸을 표현하는 노련한 방법이 있다. 눈을 아주 천천히 깜빡이는 것이다. 무표정한 얼굴로 눈썹만 올리고 상대방의 눈을 똑바로 보며 족히 1초 정도 걸리게 천천히 깜빡인다. 나는 와플에서 눈을 들어 일단 눈썹을 올리고, 먼저 젊은 쪽을 보았다. 그는 이미 당혹스러운 얼굴로 그저 멀뚱멀뚱 있었다. 그다음 나이 든 남자 쪽을 보았다. 역시 침묵의 눈 맞춤에 살짝 당황한 듯 보였다. 나는 아주 우아하게 천천히 눈을 깜빡인 뒤, 아주 맛있어 보이는 와플을 들고 말없이 자리에서 일어나 두 멍청이를 식당칸에 버려두고 왔다.

예전 같았으면 나는 어찌할 바를 모르고 어색하게 따라 웃거나, 흥분해서 크게 화를 냈을 것이다. 그러나 유튜브 채널을 운영하며 매주 수천 개씩 댓글을 받게 되면서부터는 희소 가스류의 모범을 따르고 있다. 어쩌면 당신에게도 도움이 될 수 있으니 그 얘기를 잠시 들려주겠다.

아주아주 독립적인 희소 가스

희소 가스(비활성 기체)는 주기율표 제18족에 속하는 화학원소로, 인간관계의 긴장을 완화하는 훌륭한 모범을 보여준다. 가장 잘 알려진 희소 가스는 18족의 첫 번째 두 원소, 헬륨(He)과 네온(Ne)이다. 맞다. 헬륨 풍선의 그 헬륨이고, 네온사인의 그 네온이다. 주기율표에서 더 아래로 내려가면, 아르곤(Ar), 크립톤(Kr), 제논(Xe), 라돈(Rn), 그리고 오가네손(Og)이 있다.

2장에서 말했듯이 주기율표에서 원소는 원자번호, 즉 핵의 양성자 수에 따라 배열된다. 주기율표의 같은 족 안에서 아래로 갈수록 원소가 점점 무거워진다. 무거운 핵은 종종 방사성이라 안정적이지 못하고 부서진다. 희소 가스 중에서 라돈과 오가네손은 방사성이므로 일단 이 둘은 모범에서 제외하자. 희소 가스의 대표적인 특징이 바로 안정성이기 때문이다. 희소 가스는 믿기지 않을 정도로 화학반응에 무심하다. 다른 누군가와 관계 맺기를 아주 싫어한다. 옆에서 어떤 일이 일어나든 눈도 깜짝하지 않는다. 그들을 '희귀하게' 만드는 특징이 바로 이것이다.

2장에서 다뤘던 불소를 기억할 것이다. 결합할 파트너를 찾는 일이 짧은 생애의 유일한 목표인 공격적인 불소와 달리, 희소 가스는 파트너를 찾을 이유가 전혀 없다. 희소 가스의 가장 바깥 껍질에 있는 원자가전자가 8개이기 때문이다. 옥텟 규칙도 다시 떠올려보자. 불소는 테플론 프라이팬에서 탄소를 만나 또는 치약에서 나트륨을 만나 비로소 안정을 찾았다. 하지만 희소 가스는 처음부터 안정적이다. 다른 원소들은 가장 바깥 껍질에 전자 8개를 채우기 위해 결합하지만, 희소 가스는 이미 모든 걸 갖고 있다. 그래서 옥텟 규칙을 때때로 **희소 가스 규칙**이라 부르기도 하고, 가장 바깥 껍질의 여덟 자리가 다 채워진 것을 **희소 가스 상태**라고 한다.

여기에서 힌트를 얻어 나는 여유롭고 충만한 감정 상태를 '희소 가스 상태'라고 말한다. 어처구니없거나 전혀 중요하지도 않은 사소한 일로 화가 날 때, 나는 아주 멋진 주문을 왼다. "나는 희소 가스다!"

희소 가스는 완전히 자기만족 상태라, 같은 희소 가스끼리도 결합하지 않는다. 비교를 위해 질소나 산소 같은 다른 가스를 보자. 이런 가스들은 이른바 **다량체**다. 질소 분자 하나에는 질소 원자가 2개 있고(N_2), 산소 분자 하나에는 산소 원자가 2개 있다(O_2). 수소도 마찬가지다(H_2). 반면 희소 가스는 아주 충만한 상태여서 완전히 홀로 다닌다. 희소 가스는 **단량체**다.

화학적으로 보면 희소 가스는 그다지 흥미롭지 않다. 아무 일도 일어나지 않기 때문이다. 하지만 실험실에서는 좀 다르다. 아르곤이 질소와 함께 **차폐 가스**(보호 가스)로 사용된다. 당신이 실험실에서 화학반응을 실험하는데, 다루는 물질이 공기에 아주 민감해서 공기에 노출되는 즉시 산소와 반응하여 실험을 망칠 수 있다고 상상해보라. 어떤 물질은 물에 극단적으로 민감해 일반적인 습도에도 벌써 실험을 망치기도 한다.

실험을 망친다는 게 무슨 뜻이냐고? 예를 들어 산소에 아주 민감한 물질은 산소를 너무너무 사랑해서 산소를 만나자마자 결혼해버린다. 실험하려는 물질과 반응할 기회가 없는 것이다. 그러나 화학자는 평소 결합하지 않는 물질들을 강제로 결혼시킬 수 있다. 피스톤으로 공기를 밀어내고 그 자리에 아르곤을 채워 넣으면 된다. 반응하지 않는 아르곤 그러니까 비활성 기체 아르곤이 공기를 모조리 밀어내면, 산소나 습기의 방해 없이 느긋하게 반응실험을 할 수 있다.

희소 가스가 비활성이 아니었더라면, 재밌는 목소리를 만들기 위해 헬륨 가스를 마시는 건 좋은 생각이 아닐 것이다. 희소 가스는 자기 일을 하고, 그 일이 가장 우선이다. 그리고 이것은 기차 식당칸에서 재수 없는 남자들과 마주했을 때 매우 큰 영감을 준다. 그런 일에 반응할 필요가 전혀 없다는 것이다. 그래서 나와 와플은 단량체 아르곤 분자처럼 우아하게 식당칸에서 나왔다.

과학자들의 딜레마 '내게 남는 건 뭐지?'

아무튼, 지금 나는 우리 집 발코니 구석에 서서 난간에 몸을 기대고 상체를 밖으로 최대한 내밀어 핸드폰 안테나 신호를 잡으려고 애쓰고 있다. 크리스티네에게 전화를 걸어야 하기 때문이다. 잠깐이나마 핸드폰 안테나가 잡히는 이곳 발코니 구석을 제외하면, 나는 외부 세계로부터 완전히 차단됐다.

"잠깐 신세를 져도 될까? 영상을 업로드해야 하는데 인터넷이 끊겼어."

"뭐? 또?"

인터넷이 끊긴 게 이달에만 벌써 두 번째다. 핸드폰에 안테나가 안 뜨는 집에서 그것은 특히 치명적이다. 사실 이런 일이 없도록 미리 뭔가를 해야 했다.

"괜찮아, 얼른 와! 마침 잠깐 한눈팔 시간도 있어." 고맙게도 크리스티네가 시간을 내준단다.

크리스티네와 내가 다시 같은 도시에 살게 된 것은 큰 행운이다. 우리는 같은 지도교수 밑에서 박사학위 논문을 쓰면서 알게 됐고, 함께 역경을 헤쳐나갔다. 그런데 우리 둘은 그다지 영리하지 못했다. 화학 분야에서 박사학위를 딴 것만 봐도 그렇다. 화학 전공자의 약 85퍼센트가 석사학위를 따자마자 박사학위에 뛰어든다. 화학 전공자의 표준 교육과정에 속한다고 할 정도다. 박사학위 논문을 쓸 때는 엄청난 좌절을 이겨내야 하는데, 그런 점에서 보면 박사학위를 해낸 것에 자부심을 느껴도 된다.

크리스티네는 아주 똑똑한 친구로, 박사학위를 마친 뒤 미국에 가서 박사후과정(postdoc)을 시작했다. 설명하자면, 박사후과정을 밟는 사람은 박사학위 지망생과 거의 비슷하다. 박사학위를 이미 가졌음에도 계속해서 대학이 착취하게 둔다는 점에서 그렇다. 대학의 학술적 서열을 설명하려면 냉소적으로 말할 수밖에 없는데, 맨 위에 교수들이 신처럼 올림포스에 앉아 있고, 맨 아래에서는 박사 지망생 조교들, 그러니까 값싼 노동자들이 뼈 빠지게 일한다. 그리고 그 사이에서 박사후과정들이 힘겹게 올림포스를 오른다(대학생들은 서열 축에 끼지도 못한다). 박사후과정은 교수가 되기 전 단계인데, 요즘에는 경제 분야에서도 박사후과정 경력을 요구한다. 예를 들어 제약회사에서 직원을 채용할 때 박사후과정이 기본 스펙이 되는 식이다. 정말 한심한 자격 인플레이션이다. 그에 비하면 학창 시절 성적은 별로지만 아주 영악했던 다니엘이라는 친구는 계산기를 잘 두드려본 덕에 지금 누구보다 잘나가고 있다. 경영학 학사학위로 어떤 박사후과정보다 더 많이 번다.

그러나 대학에서 일하는 최대 난점은 벌이 자체가 아니다.

대학에서 자신을 증명해 보이려는 사람은, 사생활과 잠을 포함하여 삶 전체를 학문에 바쳐야 한다. 크리스티네에게는 쉬는 주말이란 게 없다. 우리는 같은 도시에 살지만, 내가 그녀의 실험실로 가야 얼굴을 볼 수 있다. 그토록 엄청난 노동을 하는데도 안정된 직장은 보장되지 않는다. 무기한 계약직 상태가 계속 이어진다. 그리고 대학의 트랙에는 오로지 골인 지점만 있다. 정년이 보장되는 정교수 말이다. 극단적으로 훌륭하다면, 어쩌면 30대 말쯤에 골인 지점에 도달할 수 있을 것이다. 최고의 성적을 거둔 극히 소수가 교수 자격 취득시험을 통과하지만, 교수 자리는 늘 부족하다. 고된 노동과 지성, 재능만으로는 얻을 수 없다. 어마어마한 행운이 추가되어야 한다. 교수가 되는 데 실패한 사람은 어느 날 과잉 자격 상태에 있게 되고, 어쩌면 취업전선에서 심지어 자신이 가르치던 학생들과 같은 자리에 지원해야 할 수도 있다.

과학자는 왜 그런 일을 할까? 다 학문을 위해서일까? 실제로 연구는 과학의 기본 원칙과 이상에 대한 강한 확신을 요구한다. 연구는 사회적 가치가 더 높은 일을 하려는 열망이다. 진부하게 표현하면, 인류에 공헌하거나 세계를 조금 더 개선하기 위해서 말이다. 그러나 랑가 요게슈바어(Ranga Yogeshwar)는 《내게 남는 건 뭐지?(What's in it for me?)》라는 책에서 이런 생각에 담긴 위험을 지적한다. 그는 학문의 '가치'를 성찰하면서 연구의 상업화를 경고한다. 더 간단하게 말해

'뭘 얻을 수 있지?'라는 질문에 경고의 메시지를 보낸다. 여기에 일부를 발췌한다.

"[…] 세계를 더 잘 이해하고 싶다는 깊은 욕구와 과학적 호기심을 경제 범주로 축소하는 사람은 큰 실수를 저지르는 것이다. 모든 연구 주제가 이런 사고방식에 적합한 건 아니기 때문이다. 예를 들어 고대와 중세 문서의 새로운 해석 과정을 연구하는 '특별 연구 영역 933'에서 우리는 뭘 얻을 수 있는가? 이 연구에만 1,150만 유로가 지원된다. 또한 독일연구협회(DFG)는 성소와 제단 그리고 입구의 상형문자를 번역하는 '고대 이집트 에드푸 신전 프로젝트'에 우리의 세금을 지원한다. 도대체 이 연구의 가치는 무엇인가? 고대 이집트의 상형문자 번역은 분명 국민총생산을 늘리지 않을 테고, 경제의 꽃을 활짝 피우지도 않을 것이다. 그럼에도 이 연구는 위대한가? 이 학문은 과거 고등문화의 수수께끼를 풀고자 애씀으로써 과거에 대한 이해를 넓혀준다. 힉스 보손(Higgs boson)의 속성이나 중력파를 증명하는 것 역시 '투자에 대한 경제적 이익배당'은 없으며, 이 분야에 경제적 파생이익이 발생하리라는 것 또한 좋은 주장이 못 된다. 나는 수십 년째 내면의 동력, 즉 호기심과 학구열을 실용주의로 대체하면서 정당화하려 애쓰는 학문 풍경을 관찰해왔다. […]

자신감과 열정을 무기로 학문이 일차원적인 경제적 관점에 맞서야 할 때가 아닐까?"

연구가 인류에 봉사한다면, 환영받을 일이다. 그러나 인간의 관심은 주로 경제적이고 금전적이다. 유용성을 따지는 사고는 연구의 독립성을 위태롭게 한다. 연구의 독립성은 우리 사회에서 필수이며, 유용성을 초월하는 진실을 대변하는 목소리다. 그래야 과학은 아름다운 약속 그대로 세계를 조금은 더 좋게 만들 수 있다.

그러나 과학자들도 속으로 묻는다. '내게 남는 건 뭐지?'

랑가는 계속 관찰한다.

"예를 들어 런던의 구글 딥마인드는 전체 직원 400명의 고용비용이 2016년에 1억 3,800만 달러에 달했고, 직원 1명당 평균 임금이 34만 5,000달러였다. 그 결과 탁월한 과학자들이 공공 연구기관과 대학을 떠나, 돈을 많이 주는 거대 사기업으로 갔다. 그렇게 '내게 남는 건 뭐지?'라는 질문이 독립된 공공기관의 전문인력을 고갈시킨다. 그곳에서는 똑똑한 사람이 점점 더 부족해지고 있다."

'내게 남는 건 뭐지?'라는 질문이 똑똑한 사람들의 머릿속에서 '날 착취하게 두지 않겠어' 또는 '나도 사생활을 누리고 싶어' 또는 '내게도 자존감이 조금은 남아 있다고!'로 바뀌면, 점점 더 대학을 떠나 산업 현장으로 가게 되리라는 것은 불을 보듯 뻔하다. 그곳에선 최소한 보수라도 많이 받을 테니까.

크리스티네는 서른다섯 번째 생일을 결정의 날로 정했다. 만약 그때까지 정교수가 될 확실한 기회가 보이지 않으면 미련 없이 대학을 떠나기로 했다. 크리스티네는 연구소에서 가장 젊은 주니어교수(자격시험 없이 교수로 채용되는 젊은 인재-옮긴이)다. 그러나 장기적으로 과학계에 발을 담그게 될지 어떨지는 오로지 시간이 보여줄 것이다.

크리스티네는 보스턴 매사추세츠 공과대학교(MIT), 이른바 '자연과학의 하버드'에서 박사후과정을 했다. 그러는 동안 사방에서 구애를 받았다. 화학 기업에 가서 면접을 본 적이 있고 맥킨지에서 스카우트 제의도 받았다. 그러나 연구계에 남기로 했고, 결국 지금의 주니어교수 자리까지 도약했다. 나는 그런 결정이 어리석으면서도 존경할 만하다고 생각한다. 시스템으로부터 착취되기 때문에 어리석은 한편, 그 시스템을 바꾸려면 그녀 같은 사람이 필요하고 '내게 남는 건 뭐지?'라는 질문에 저항하기 때문에 존경할 만하다. 그리고 당연히 그녀가 다시 독일로 돌아와 내 곁에 있게 돼서 아주 기쁘다.

크리스티네는 연구소와 대학 세계에서 나와 가장 가까운 사람이다. 나는 때때로 그녀의 실험실을 세트장으로 이용한다. 그녀에게는 빠른 인터넷이 있고, 그것이 지난번에도 나를 아슬아슬하게 구했다. 나는 지금 USB에 동영상을 담아 그녀의 연구소로 가고 있다.

연구소는 여러 분야가 통합된 연구센터다. 전문 영역의 경계가 무너진 지 오래다. 예를 들어 크리스티네는 공학자, 컴퓨터정보학자와 함께 일한다. 오늘날에는 자신의 고유한 전문 영역 안에서만 편하게 일해서는 멀리 가지 못한다. 세계의 큰 문제들은 여러 전문 영역을 포괄하기 때문에 문제를 풀 때도 여러 영역을 포괄해야만 한다. 게다가 전문 영역 간의 경계가 변덕스럽기까지 하다. 크리스티네의 연구는 현재 화학보다 물리학에 훨씬 더 가깝다. 박사학위 논문을 쓸 때 우리 두 사람의 화학 연구 영역이 아주 멀리 떨어져서, 우리는 공동 프로젝트를 추진하지 못했다. 그것이 우리의 오랜 꿈이었음에도.

스마트폰을 스마트하게 만드는 희토류금속

화학에는 세 가지 주요 영역이 있다. **무기화학, 유기화학, 물리화학**이다. 당연히 또 다른 영역이 있지만, 모든 화학 전공자가 대학에서 상세하게 배우는 기본 영역은 이 세 가지다.

물리화학은 이름에서 이미 알 수 있듯이, 물리와 화학의 결합이다. 열역학과 양자역학이 여기에 속한다. 크리스티네가 하는 일, 그러니까 컴퓨터 시뮬레이션의 도움으로 화학반응을 예언하는 일도 포함된다.

유기화학은 무엇보다 단 하나의 원소, 즉 탄소(C)를 중심에 두는 영역이다. 그리고 탄소와 잘 결합하는 모든 원소, 예를 들어 수소(H), 산소(O), 질소(N), 인(P)을 중심에 둔다. 말하자면 유기화학은 '오로지' 탄소가 포함된 모든 결합과 반응만 연구한다. '오로지'를 따옴표 안에 넣은 이유는 유기화학이 아주 방대한 영역이기 때문이다. 지구상의 모든 것은 탄소를 기반으로 한다. 우리는 탄소로 만들어졌다. 이 책도 탄소로 만들어졌다. 당신이 이 책에서 보는 모든 화학구조식 역시 탄소를 기반으로 한다. 그리고 만약 존재한다면 외계 역시 탄소를 기반으로 하리라고 확신할 수 있다. 그 외 어떤 원소도 탄소만큼 다양한 케미를 자랑할 수 없기 때문이다.

만약 당신이 이 책을 e북이나 태블릿으로 읽는다면, **무기화학**이 중요한 역할을 할 것이다. 무기, 글자 그대로 유기의 반대인 이 학문은 탄소가 '아닌' 모든 것을 연구한다. 연구 대상이 아주 방대할 것처럼 들리지만, 주기율표를 보면 그런 원소가 자연에 그리 많지 않다는 것을 한눈에 알 수 있다. 기껏해야 소금, 미네랄, 금속이다. 어떤 유기화학자는 무기화학자가 그저 돌멩이나 연구한다며 얕잡아보기도 한다. 하지만 돌멩이는 첫째 전혀 지루하지 않고, 둘째 무기화학은 유기화학보다 훨씬 많이 그리고 굉장한 성과를 거뒀다. 무기화학은 무엇보다 모든 기술 장비의 기초이고, 대표적인 걸작품으로 스마트폰을 들 수 있다. 무기화학을 조금만 이해하면, 핸드폰 배터리를 더 오래 쓰는 방법 같은 것도 알아낼 수 있다. 그것만으로도 핸드폰 화학에 존경을 표할 가치가 있지 않은가?

스마트폰은 70가지가 넘는 다양한 원소로 이루어진다. 탄소도 거기에 속하지만, 핸드폰을 아주 흥미로운 물건으로 만드는 것은 무엇보다 금속이다. 우선 마이크로전자공학이 몇백 밀리그램의 은과 약 30밀리그램의 금을 다룬다. 액정화면은 인듐 주석 산화물 필라멘트로 만들어진 아주 얇은 망으로 덮여 있는데, 이것이 화면을 '터치'하는 손가락의 전도성을 포착한다.

스마트폰을 정말로 '스마트'하게 하는 것은 **희토(희귀한 흙)** 또는 **희토류금속**이라 불리는 특별한 금속류다. 주기율표에서는 아래쪽에 긴 띠로 따로 마련된 두 줄에 있다. **란타넘족**이라는 총칭 아래의 전체 원소와 스칸듐(Sc), 이트륨(Y)이 희토류금속에 속한다. 이것들은 기본적으로 악티늄족과 함께 주기율표 아래에 배열되는데, 그러지 않으면 주기율표가 옆으로 너무 길어지기 때문이다.

희토류는 아주 특이한 이름들이어서 대번에 눈에 띈다. 터븀(Tb), 프라세오디뮴(Pr), 이트륨(Y), 가돌리늄(Gd), 유로퓸(Eu)은 인스타그램 사진들을 멋지게 표현해주는 디스플레이 색상을 담당한다. 네오디뮴(Nd)이나 디스프로슘(Dy)은 일반 자석을 스피커와 마이크에 사용되는 슈퍼 자석으로 만든다. 이 두 가지 희토류는 진동 기술에도 사용된다.

희토류는 에너지 절약 전구의 자연스러운 빛을 만들고, 태양광전지나 풍력터빈 같은 친환경 기술에도 사용된다. 이런 고귀한 금속은 아주 소량으로도 효력을 떨치기에 '양념 금속'이라는 별칭도 생겼다. 이는 나트륨에게는 치욕이 아닐 수 없다! 마찬가지로 금속이고 식용 소금의 구성성분으로서, 양념 금속이라는 별칭을 얻을 자격이 더 많으니 말이다.

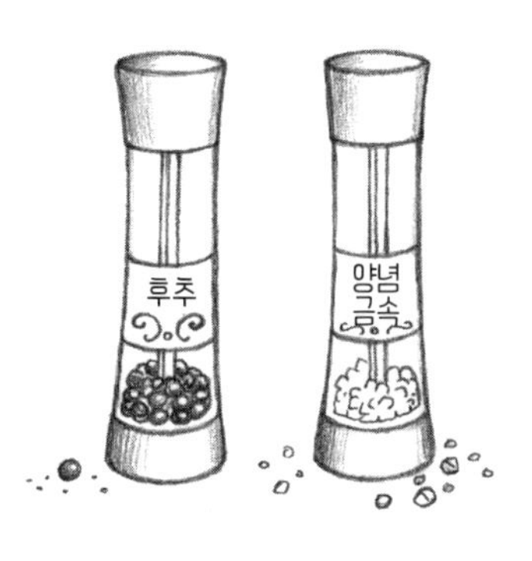

희토류는 지속적으로 사용되고 있으며 갈수록 사용 범위가 확대되겠지만, 생산량이 이를 따라가지 못한다. 이름이 암시하는 것만큼 희귀한 것은 아니지만, 부족한 건 사실이다. 희토류는 지표면에서 발견되기도 하지만, 대개는 암석 안에 흩어져 있다. 그러므로 채굴에 비용과 에너지가 많이 들고, 드물지 않게 불공정한 노동 조건 아래에서 채굴이 진행된다. 희토류 금속이 가장 많이 채굴되는 곳은 중국이다. 중국에서는 이런 몇몇 원료에 국가가 독점권을 갖는다. 와이파이가 끊기면 인터넷을 찾아 집을 떠날 수밖에 없는 이런 하이테크 시대에 아주 유리한 경쟁력이 아닐 수 없다.

핸드폰 액정은 왜 이렇게 잘 깨질까?

사람들이 핸드폰을 많이 살수록 희토류금속은 더욱 비싸진다. 그런데도 무선이동통신사들은 스마트폰을 매년 새로운 모델로 교체할 수 있는 계약 조건을 내걸며 우리를 유혹한다. 우리가 기기를 보다 오래 사용하지 않거나 현명하게 재활용하지 않으면, 곧 문제에 봉착하게 될 것이다. 플라스틱 쓰레기만 현대 사회의 골칫거리가 아니다. 제조사들은 의도적으로 핸드폰과 태블릿을 소비자들이 직접 수리하기 어렵게 만든다. 수명이 끝난 배터리나 금이 간 액정 때문에 새로운 기기를 구입하도록 유도하는 것이다. 물론 수리를 받기 위해 기기를 어딘가로 보낼 순 있다. 하지만 그 긴 나날을 스마트폰 없이 어떻게 살아간단 말인가.

그렇다고 핸드폰 액정이 아주 쉽게 고장 나는 것이 제조사의 악의 때문은 아니다. 액정은 원래 아주 튼튼하고 화학적으로도 매우 기발한 물건이다. 핸드폰 액정에는 평범한 유리가 아니라 **고릴라 글라스**(코닝사에서 제조하는 디스플레이용 강화유리 상표-옮긴이)를 사용한다. 이런 인상적인 액정을 생산하는 데에는 실리콘(Si) 원자, 알루미늄(Al) 원자, 산소(O) 원자로 구성된 3차원 구조의 **알루미노실리케이트 유리**가 사용된다. 이 3차원 구조는 음전하를 띠며, 구조의 틈새에 있는 양전하 나트륨 이온을 통해 균형을 잡는다. 그러나 이것은 아직 고릴라 글라스가 아니다. 고릴라 글라스를 만들려면 양전하를 띠는 **칼륨** 이온이 함유된 뜨거운 소금 용액, 즉 칼륨염 용액에 알루미노실리케이트 유리를 담가야 한다.

앞에서 우리는 비누 생산에 사용되는 칼륨염을 이야기할 때 칼륨을 접했다. 주기율표를 보면, 칼륨(K)은 나트륨(Na) 바로 아래에 있다. 즉 칼륨 역시 **알칼리금속**이라는 얘기다. 나트륨과 마찬가지로 칼륨은 주로 양전하 이온으로 존재하지만, 칼륨 이온이 나트륨 이온보다 훨씬 크다.

그것이 고릴라 글라스와 무슨 상관일까? 알루미노실리케이트 유리를 뜨거운 칼륨염 용액에 담그면, 더 큰 칼륨 이온이 나트륨 이온을 실리케이트 구조의 틈새에서 밀어내고 자신이 그 자리로 파고든다. 입자들의 큰 움직임과 고온이, 이런 자리 교체를 돕는다. 이제 이것을 다시 식히면, 쉽게 변하는 화학구조를 가진 유리가 남는다. 이 유리에는 뚱뚱한 칼륨 이온이 비좁은 틈새에 끼어 있다. 그 결과 더 강한 압축력을 자랑하는 더 튼튼한 재료, 고릴라 글라스가 탄생한다.

그렇다면 도대체 왜 핸드폰 액정이 그토록 잘 깨질까? 사실 일반 유리는 그보다 훨씬 자주 깨지니 뭐라 불평할 수도 없긴 하다. 낙상 사고가 발생했을 때 핸드폰 액정이 살아남느냐 아니냐는 당연히 얼마나 강한 충격이 유리에 가해졌느냐에 달렸다. 넓은 면적이 닿도록 바닥에 평평하게 떨어졌다면, 별일 없을 확률이 높다. 충격이 분산되기 때문이다. 5장에서 기압에 대해 다룰 때 확인했듯이, 압력은 면적에 미치는 힘이다. 즉, 압력이 가해지는 면적이 좁을수록 압력이 세진다. 핸드폰의 좁은 모서리가 바닥에 부딪히고 충격음이 특히 컸다면, 액정 고장은 거의 불가피하다.

같은 이유에서 만약 엘리베이터 추락 사고를 겪는다면 가능한 한 바닥에 넓게 엎드리는 것이 좋다. 충격이 넓은 면적에 분산되도록 말이다. 다만, 추락하는 순간 바닥에 엎드리기가 어렵다는 게 문제다. 엘리베이터 안이 이른바 인공 무중력 상태가 되기 때문이다. 남들 시선이 좀 걸리겠지만, 완벽하게 안전하려면 엘리베이터를 타자마자 바닥에 납작 엎드려야 한다.

다시 스마트폰 액정으로 돌아가서, 액정을 보호하는 가장 좋은 방법은 튼튼한 케이스를 사용하는 것이다. 그것 때문에 아름다운 스마트폰이 투박해지더라도 그 정도는 감수해야 한다. 실제로 내 핸드폰의 액정은 지금까지 단 한 번도 망가지지 않았다.

그런데 지금 보니 배터리가 얼마 남아 있지 않았다. 나는 얼른 전원을 껐다.

핸드폰 배터리 수명의 비밀

배터리 수명은 그리 달갑지 않은 주제다. 15년 전에 핸드폰 배터리 수명이 얼마였는지 아는가? 스네이크 게임을 얼마나 많이 하느냐에 따라 달라지겠지만, 대략 3~6일에 한 번씩 충전하면 됐다. 지금은 중간에 충전하지 않고 하루를 보낼 수 있으면 다행이다.

핸드폰 배터리가 화학적으로 어떻게 기능하는지 이해하면, 배터리를 최대한 오래 쓰는 방법을 알 수 있다. 그리고 여기서 우리는 '내게 남는 건 뭐지?'의 또 다른 측면에 도달한다. 나중에는 과학이 별로 필요치 않을 테니 과학 수업을 열심히 듣지 않아도 된다는 사람들을 종종 본다. 하지만 아마도 다음 몇 페이지를 넘기다 보면 생각이 달라질 것이다.

세상에는 다양한 배터리 또는 축전지가 있다. 현재 일상에서 가장 중요한 배터리는 이른바 **리튬 이온 배터리** 또는 리튬 이온 축전지다. 애플도 이것을 사용한다. 애플 홈페이지에 다음과 같이 적혀 있다.

> "전통적인 배터리와 비교하여 리튬 이온 배터리는 더 빨리 충전되고 더 오래 지속되며, 더 높은 전력 밀도 덕분에 적은 중량으로 더 긴 수명을 갖는다."

핸드폰, 태블릿, 노트북 그리고 더 나아가 테슬라의 전기자동차가 리튬 이온 배터리를 사용하는 이유를 아주 잘 설명해놓았다.

단어 선택에 관해 짧게 언급하자면, 내가 여기서 배터리라고 하든 축전지라고 하든 모두 '충전이 가능한 배터리'를 뜻한다. 어떤 사람은 여기서 둘을 구별할 것이다. 이를테면 1차 배터리라 불리는 배터리는 사용 뒤에 다시 충전할 수 없다. 반면 2차 배터리라 불리는 축전지는 충전해서 다시 사용할 수 있다. 그러나 축전지는 엄격히 말해 다시 충전할 수 있는 배터리이므로, 그냥 배터리라고 해도 괜찮다.

배터리는 전류, 즉 전자의 흐름을 기기에 공급한다. 말하자면 배터리는 휴대용 전자 공급기다. 배터리는 이 원칙에 따라 만들어진다.

배터리에서 가장 중요한 요소는 **전극**인데, 하나는 양극이

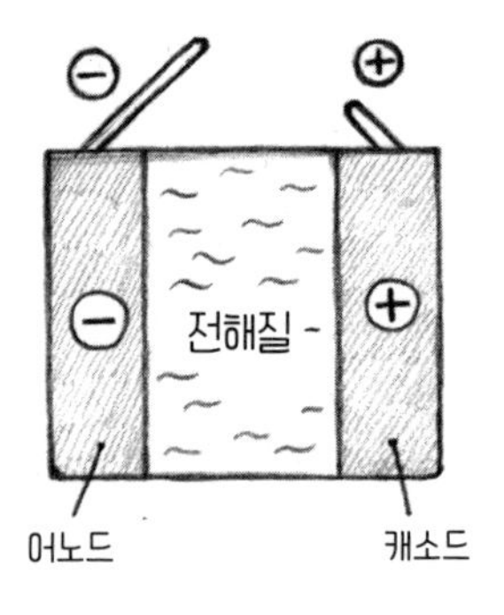

모든 배터리의 기본 원리

고 다른 하나는 음극이다. 양전하 전극을 **캐소드**(Cathode, 환원 전극)라고 하고, 음전하 전극을 **어노드**(anode, 산화 전극)라고 한다. 전선이 이 두 극을 연결하고, 그 전선이 핸드폰을 관통하며 곳곳에 전류를 공급한다고 상상하면 된다. 전자가 어노드를 출발하여 핸드폰을 관통한 뒤 캐소드로 돌아온다. 두 전극은 배터리 내부에서도 연결되어 있는데, 바로 **전해질**을 통해서다. 전해질이란 전기를 유도하는 액체나 고체의 총칭이며, 전자가 아니라 이온을 유도한다. 음이온이든 양이온이든 상관하지 않는다. 참고로 우리 몸을 구성하는 성분 대부분도 음이온과 양이온 모두를 가진 물, 즉 전해질이다!

그러므로 배터리의 기본 구성 요소는 캐소드와 어노드 그리고 전해질이다. 이 세 구성 요소에 정확히 어떤 화학물질이 사용됐느냐가 배터리의 종류를 결정한다.

리튬 이온 배터리에서는 주로 리튬과 산소 그리고 코발트 같은 금속이 결합하여 캐소드를 구성한다. 이것이 **리튬 코발트 산화물**이다. 코발트 원자와 산소 원자가 층을 형성하고, 층간에 리튬 이온이 깔려 있다. 어노드는 대개 **흑연**(graphite), 즉 탄소로 구성된다. 흑연 역시 층을 형성한다.

핸드폰을 충전기에 꽂으면, 외부 영향으로 배터리에 반전이 생긴다. 우리는 방금 두 가지 새로운 개념, 어노드와 캐소드를 배웠다. 그런데 이제 그것을 다시 바꿔야 한다. 충전 과정에서는 리튬 코발트 산화물로 이루어진 전극을 어노드라고

하고, 흑연으로 이루어진 전극을 캐소드라고 한다. 배터리를 사용할 때와 정반대다. 왜 화학자는 용어를 이렇게 복잡하게 만들까? 그 까닭은 이 전극에서 진행되는 화학반응과 관련이 있다. 곧 다시 자세하게 다룰 예정이니, 그때까지는 그냥 간단히 양극과 음극이라고만 부르기로 하자.

핸드폰을 충전기에 꽂으면, 전자가 흑연 물질로 이동하여 음극에 충전된다. 전자 충전으로 음전하가 과잉 생성된다. 이것은 원칙적으로 충전을 방해한다. 같은 전하는 서로 충돌하기 때문이다. 말하자면 음전하와 음전하가 서로 충돌하고 양전하와 양전하가 충돌한다. 그래서 다른 조치를 취하지 않으면, 음전하를 띠는 전자를 전극에 가득 채워 넣을 수가 없다. 그러나 상반되는 전하들은 서로 영향을 주어 효과를 없앤다. 여기서 리튬 이온 배터리라는 이름을 선사한, 양전하를 띠는 리튬 이온이 제 역할을 한다. 그들은 리튬 코발트 산화물로 구성된 양극에서 나와 전해질을 통과하여 흑연 전극으로 이동하여, 그곳 음극에서 음전하를 맞이한다. 이런 **전하 균형** 덕분에 전자를 가득 채울 수 있다.

이제 전자들이 그냥 주변에 흩어져 있지 않고, 화학적으로 대대적인 환영을 받는다. 화학자들을 위해 반응 방정식을 적으면 다음과 같다.

$C_n + xLi^+ + xe^- = Li_xC_n$

걱정하지 마시길. 비화학자들은 이 방정식의 일부만 보

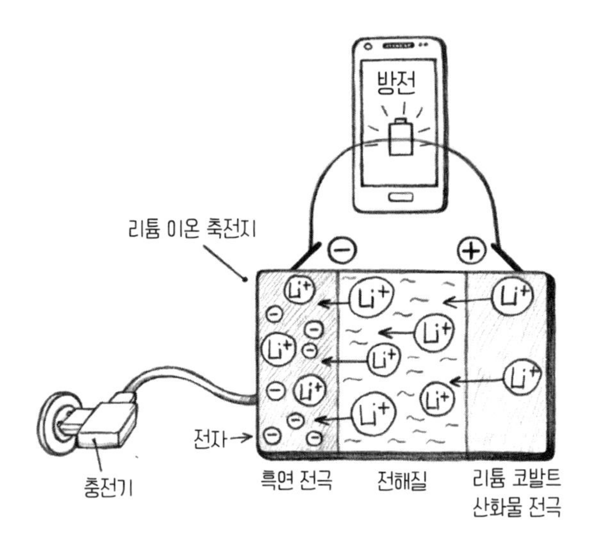

면 된다. '+ xe⁻'를 보자. 여기서 'x'는 불특정 수량을 뜻하고, 'e⁻'는 전자를 뜻한다. 그러니까 이 화학반응으로 전자가 수집된다는 뜻이다. 이것을 환원이라고 한다. **환원은 원소나 이온, 화합물에서 전자가 수집되는 것을 말한다.**

이제 음극이 전자로 가득 찼지만, 양극에는 전자가 전혀 없다. 그래서 양극 사이에 전압이 생긴다. 전압을 댐의 기울기 정도로 상상하면 이해하기 쉽다. 음극을 전자로 채우는 충전은, 아래에서 위로 물을 퍼 올리는 것과 같다. 이때 수문을 열면, 물이 폭포처럼 아래로 쏟아져 흐를 것이다. 핸드폰을 사용할 때는 화학반응이 반대로 바뀐다. 수집된 전자를 다시 내보내게 된다. 전자들이 전류로서 핸드폰을 질주한다. 환원의 반대인 이런 화학반응을 산화라고 한다. **산화는 전자를 내보내는**

화학반응이다.

내보내진 전자가 핸드폰에 활기를 주는 동안, 리튬 이온은 익숙한 전해질 길을 통과하여 다시 돌아온다. 반대편 양극에서 전자와 리튬 이온이 다시 만난다. 모든 전자가 반대편 극에 도달하면, 배터리는 방전된다. 그러면 모든 것이 처음부터 다시 시작된다!

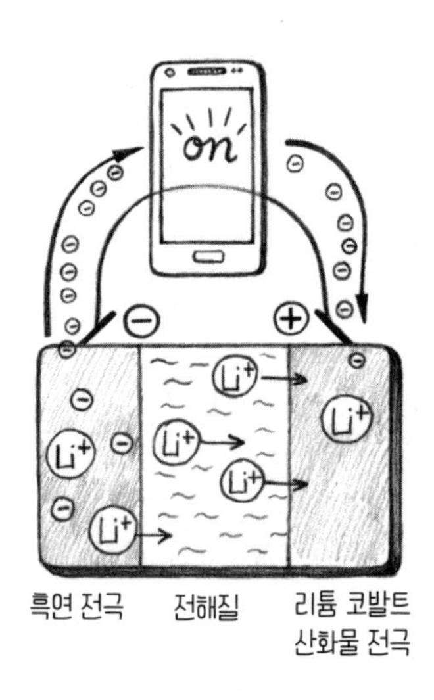

충전과 방전을 반복하며 리튬 이온이 계속 두 전극 사이를 오가기 때문에, 말하자면 이리저리 그네를 타기 때문에 이 모든 과정을 '그네 원리'라고 한다.

이제 '캐소드'와 '어노드'의 언어적 혼란으로 돌아가 보자. 충전할 수 없는 배터리라면 캐소드는 언제나 양전하 전극이고,

어노드는 언제나 음전하 전극이다. 그러나 충전할 수 있는 배터리라면 절반만 맞다. 방금 보았듯이, 충전과 방전은 상반되는 두 가지 화학 과정이기 때문이다. 그러므로 여기서는 캐소드와 어노드를 다르게 정의해야 한다. **어노드는 산화가 진행되는 전극이고, 캐소드는 환원이 진행되는 전극이다.**

핸드폰을 충전할 때는 음극에서 환원이 진행되고, 양극에서 산화가 진행된다. 방전될 때는 그 반대다. 그러므로 산화와 환원은 언제나 나란히 간다. 절대 혼자 가지 않는다. 언제나 전자를 주고(산화) 받는다(환원). 그러므로 언어적으로도 합쳐서 **산화환원반응**이라고 한다. 이제 당신은 산화환원반응의 기본 과정을 수료했다. 짝짝짝, 축하한다!

배터리가 완전히 방전될 때까지 쓰는 것이 좋고, 충전기에 너무 오래 꽂아두면 안 좋다는 얘기를 종종 들었을 것이다. 니켈 배터리라면 맞는 말이다. 그러니까 텔레비전 리모컨에 들어 있는 건전지나 옛날 납 축전지라면 그렇게 하는 것이 좋다. 그러나 현대의 리튬 이온 배터리는 원하는 만큼 오래 충전기에 꽂아둬도 된다. 요즘 배터리들은 축전지가 가득 차면 자동으로 충전이 멈추도록 만들어졌기 때문이다. 그렇지 않았다면 스마트폰이 굉장히 위험해졌을 것이다.

심지어 그런 일이 실제로 일어나기도 했다. 2016년에 삼성 갤럭시 노트 7 몇 개가 갑자기 폭발했다. 배터리 내부의 에너지 물질은 외부와 반응 파트너로부터 안전하게 차단된다. 그러나 제작 오류로 과열이나 배터리 보호막 손상 또는 과충전이 생기면, 문제가 발생한다. 에너지 물질이 전해질의 구성 요소인 가연성 용매와 결합하면 미니 폭탄이 완성된다.

리튬 이온 배터리 공동 개발자인 존 굿이너프(John Goodenough)가 보기에 최신 모델들은 아직 '만족스럽지(good-enough)' 않다. 그는 현재 더 안전한 배터리를 연구하고 있다. 핵심은 더 단단한 유리질 전해질일 것이다. 그러나 이런 배터리나 또 다른 모델이 시장에 나올 때를 기다리며 두려움에 떨 필요는 없다. 방금 얘기한 삼성 핸드폰의 폭발 원인은 생산 오류로 밝혀졌다. 생산 오류가 반복되지 않기를 바란다. 그나마 핸드폰이었기에 그 정도이지 한번 상상해보라. 테슬라 전기자동차의 리튬 이온 배터리가 폭발한다면….

어쨌든 열은 좋지 않다. 고온에서는 화학반응이 더 빨리 진행될 수 있기 때문이다. 과열은 방전 속도를 높이고, 차게 유지하면 배터리 수명이 길어진다. 충전케이블을 늘 가지고 다니면 좋다. 가능한 한 자주 넉넉하게 충전된 상태로 유지할 때, 리튬 이온 배터리는 가장 오래 살기 때문이다. 방전될 때마다 물질이 조금씩 마모되고 배터리 성능이 떨어진다. 배터리가 많이 남았을 때 다시 충전하면 배터리 수명이 길어진다. 그러므로 노트북은 늘 전기를 꽂아 사용하고, 핸드폰은 가능한 한 자주 충전하라. 그리고 외출 중에 배터리가 얼마 남지 않았으면, 완전히 방전될 때까지 두기보다 핸드폰을 꺼두는 편이 낫다.

그래서 나도 방금 핸드폰을 껐다. 하지만 그다지 영리한 결정은 아니었다. 금세 다시 필요해졌기 때문이다.

"도착" 크리스티네에게 문자를 보냈다.

"옆문" 답이 왔다.

크리스티네는 늘 내게 옆문으로 들어오라고 한다. 연구소 경비원인 래시히 씨가 정문을 단단히 지켜보고 있기 때문이다. 래시히 씨는 실험실 보안도 책임지고 있다. 그는 오늘 특히 나를 날카로운 눈으로 살필 터인데, 내가 샌들에 반바지를 입었기 때문이다. 연구소에는 실험실 안전수칙에 따라 오로지 앞이 막힌 신발과 긴 바지만 입장이 허용된다. 그리고 당연히 나는 실험실에서 아무것도 만져서는 안 된다. 교육받은 화학자인데도 말이다. 그것은 래시히 씨의 안전훈련에 합격한 연구소 직원에게만 허락된다.

크리스티네가 주말에도 연구소에서 일하기 때문에, 나는 때때로 그녀의 실험실을 동영상 세트장으로 사용하곤 했다. 예를 들어 액체 질소를 바닥에 쏟아놓고, 안개 속에서 문워크를 하기도 했다(앞이 막힌 신발을 신고 긴 바지를 입은 채). 아주 멋진 영상 자료들이다. 다행히 래시히 씨는 유튜브를 보지 않는다.

나는 래시히 씨에게 들키지 않고 옆문으로 몰래 숨어들어, 익숙하게 크리스티네의 연구실로 향했다. 연구실에 도착했더니 그녀가 내 팔을 잡아당기며 말한다.

“지금은 안 돼! 공룡이 있어.”

화학이 나쁘다고 말하기 전에

건강하게 즐기는 카페인 한 잔과 방부제 점심

크리스티네는 나를 연구실 대신에 카페테리아로 밀어 넣었다. 연구소의 여느 공간처럼 카페테리아 역시 현대식 유리 건물이다. 세련되어 보이긴 하지만, 어딘가 계속 관찰당하는 기분이 든다. 어쩌면 그래서 지금 카페테리아가 텅 비었을지도 모른다. 땡땡이치는 걸 들키고 싶은 사람은 없을 테니까. 그러나 크리스티네만큼은 유리 상자 안에서도 아무렇지 않게 커피를 마실 수 있다. 그녀가 얼마나 고되게 일하는지 이곳 사람들은 다 알기 때문이다.

실험실 역시 사방에서 안을 들여다볼 수 있게 되어 있다. 신문사 기자들이라면 공식들을 가득 적어넣어 멋진 사진을 연출할 수 있는 유리판이 많으니 틀림없이 기뻐할 것이다. 하지만 실험실 동료들은 계속해서 관찰당하는 기분을 느껴야만 한다. 나는 유리판 뒤의 하얀 가운을 볼 때마다 실험실 쥐가 떠오른다. '킹 K'로 불리는 연구소 소장 카를 카우센(Karl Kaussen) 교수는 수많은 유리판을 매우 자랑스러워한다. 작년에 나는 몇몇 지역신문과 대학신문 기자들과 함께 이 '혁신의 공간'을 두루 견학하는 특별 관광에 참여할 기회를 얻었다.

"멋지지 않습니까? 햇빛이 얼마나 많이 들어오겠어요! 안 그래요? 햇빛이 행복 호르몬 세로토닌 분비를 자극하는 거 아시죠? 그래서 이곳 동료들은 언제나 기분이 좋습니다!"

환한 실험실을 안내하며 킹 K가 말했다. 성실한 박사 지망생이 열심히 고개를 끄덕이고 순종적으로 미소를 지었다. 나는 그때 처음으로 실험실 쥐를 떠올렸다. 킹 K는 카리스마 넘치는 사람이지만, 나는 크리스티네에게 들어서 이미 잘 알고 있기 때문에 기자들에게 보여주는 겉모습 너머 감춰진 폭군 기질을 간파했다. 그래서 또한 박사 지망생의 미소짓는 얼굴 뒤로 스치듯 지나가는 두려움도 감지했다. 킹 K는 존재만으로도 박사 지망생들에게 투쟁-도주 반응을 불러일으킨다(주로 도주 반응일 것이다).

우울증이 행복 호르몬의 부족 때문이라고?

아무튼, 그렇게 간단히 '행복 호르몬' **세로토닌**을 좋은 기분과 연결할 수는 없다. 세로토닌은 호르몬이고, 여느 호르몬과 마찬가지로 몸에 있는 분자는 여러 가지 효과를 낸다. 그리고 그 효과는 다시 복합적인 화학반응 사슬과 연결된다. 나는 그 사실을 다시 한번 강조하고 싶다. 당신이 이 책을 읽으면서 가령 '수면 호르몬 멜라토닌' 또는 '스트레스 호르몬 코르티솔' 식으로, 어떤 호르몬의 효과를 한 가지로 제한하지 않았으면 해서다. 세로토닌은 수많은 기능을 갖고 있으며, 우리의 기분에도 영향을 미친다. 그래서 수십 년째 우울증과 관련하여 다뤄지고 있다.

정신 질환의 원인을 신경화학에서 찾는 것은 당연하다. 정신의학에는 '정신적인 모든 것은 동시에 생물학적이다(Everything psychological is simultaneously biological)'라는 신조가 있다. 그리고 나는 당돌하게 이렇게 말한다. 생물학적인 모든 것은 동시에 화학적이다!

뉴런, 그러니까 뇌의 신경세포는 분자를 전송하고 수신함으로써 소통한다. 신경세포는 **시냅스**라고 불리는 접촉지점을 통해 연결된다. 시냅스가 실제 물리적으로 접촉하는 건 아니다. 시냅스들 사이에는 아주 작은 틈이 있다. 이 틈을 통해 신경전달물질 분자들이 이쪽 신경세포에서 저쪽 신경세포로 던져지고, 반대편에 있는 이른바 **수용체**에 주차한다. 수용체를 주차장으로 상상해도 된다. 단, 특정 분자만 주차할 수 있는 전용 주차장이다. 신경전달물질이 수용체에 주차하면, 신호의 활성과 억제 둘 중 하나가 진행된다.

말하자면 신경전달물질은 호르몬(이것이 전달물질이다)과 똑같은 과제를 갖는다. 분자를 신경전달물질이라고 할지 아니면 호르몬이라고 할지는, 이 분자가 정확히 어디에서 분비되느냐에 달렸다. 시냅스에서 분비되면 신경전달물질이라고 하고, 솔방울샘이나 부신 같은 분비샘에서 생산되면 호르몬이라고 한다. 세로토닌은 호르몬인 동시에 신경전달물질일 수 있다.

1970년대에 낮은 세로토닌 수치가 우울증의 한 원인이 아닐까 하는 의심이 생겨났다. 뇌의 세로토닌 수치를 높이면 실제로 우울증 치료에 도움이 된다는 것이 입증됐다. 그래서 뇌의 화학적 불균형 때문에 우울증이 생긴다는 아주 단순한 설명이 오랫동안 유행했다. 그리고 약물로 세로토닌 수치를 높임으로써 우울증을 고칠 수 있다고 믿었다.

그러나 우울증 같은 정신 질환의 원인은 어느 작은 분자의 결핍에 한정할 수 없다. 그것은 너무 단순하게 생각한 결과다. 마찬가지로, 세로토닌이 우울증 치료에 도움이 된다고 해서 세로토닌 결핍이 자동으로 우울증의 원인인 건 아니다. 아스피린이 두통에 도움이 된다고 해서 두통의 원인이 아스피린 결핍이 아닌 것과 같다.

그렇다 해도 세로토닌 수치를 올리는 항우울제는 우울증 환자들에게 도움이 된다. 혹시 플라세보효과일까? 단지 증상만 없애는 걸까, 아니면 원인까지 치료하는 걸까? 세로토닌과 우울증의 복합적 연관성은 여전히 논쟁거리다. 원래 과학이 그렇다. 연구 분야에서 몇 년을 일한 사람은 거의 확실히 냉정함을 배운다. 과학과 기술이 비록 우리를 이미 멀리까지 데려다주긴 했지만, 새로운 지식을 발견하는 일은 악마의 작업이다. 결과들이 서로 모순되기도 하고 반복 재현이 불가능하기도 하다. 과학에서 모든 것이 항상 명확하고 논리적인 건 아니다.

과학과 연구의 실황을 아주 잘 보여주는 멋진 비유가 있다. 이른바 장님과 코끼리 비유다. 장님 집단이 생소한 동물인 코끼리를 연구한다. 코끼리를 탐구하는 방법은 손으로 만져보는 것뿐인데, 각자 다른 부위를 만질 수 있다. 어떤 사람은 뾰족한 상아를, 어떤 사람은 긴 코를, 또 어떤 사람은 커다란 귀를 만진다. 서로의 탐구 결과를 교환하면서 그들은 저마다 완전히 다른 동물을 상상하고 있음을 알게 된다. 예컨대 한 사람은 코끼리가 뼈로 된 뾰족한 동물이라고 확신하는데, 다른 사람은 그것에 결코 동의할 수 없다.

우리 과학자들 사이에도 비슷한 일이 종종 벌어진다. 탐구 대상이 코끼리 대신 우울증처럼 아주 복합적인 주제일 때는 더욱 그렇다. 진실에 가까워지려면, 처음에는 모순처럼 보이는 모든 관찰 결과를 하나의 그림으로 합침으로써 총체적으로 이해할 수 있어야 한다. 그렇게 한 후에도, 만져보는 것만으로 코끼리를 이해했다는 사실을 잊어선 안 된다. 우리는 예나 지금이나 장님이다.

내가 친구들에게 이런 얘기를 하면, 꼭 이런 말이 나온다. "과학에 매료되라는 거야, 아니면 겁을 먹으라는 거야?" 장님과 코끼리 비유로 대답하자면, 과학이 없었다면 우리는 코끼리를 눈으로 보지 못하는 건 물론 만져보지도 못했을 것이다.

카페인의 불법주차가 정신을 깨운다

자, 이제 컴컴한 장님 비유에서 나와 잘 연구된 뇌화학으로 가 보자. 크리스티네와 나는 카페테리아에 앉아 뇌에 **카페인**을 공급한다. 뇌에는 신경전달물질을 위한 수용체뿐 아니라 카페인을 위한 수용체도 있다. 하지만 그것은 실수에서 비롯된 수용이다. 카페인이 다른 신체 분자, 즉 **아데노신**과 헷갈릴 정도로 아주 비슷해서 생긴 실수다.

카페인 아데노신

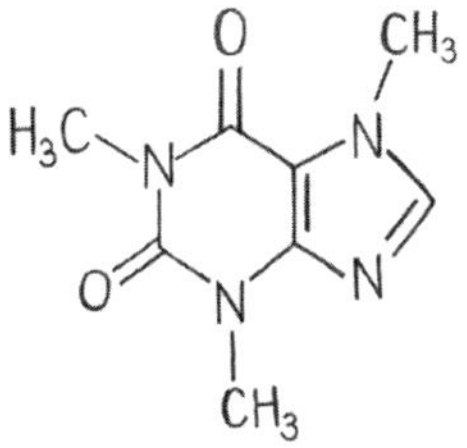

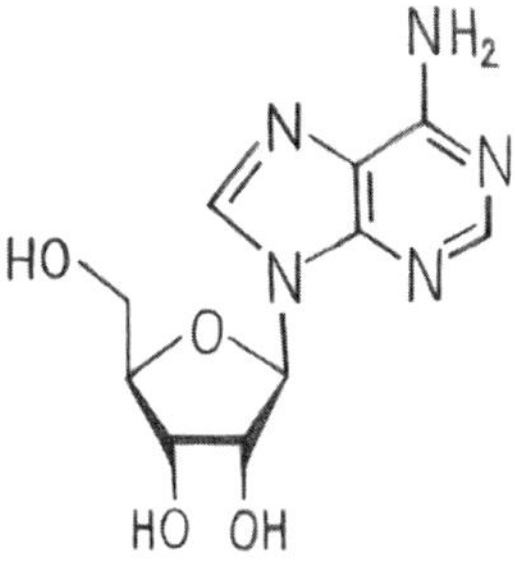

물론 우리 눈에 두 화학구조가 그렇게 비슷한 것 같지는 않다. 그러나 뇌의 아데노신 수용체에게는 아주 비슷해 보인다. 더 정확히 말하면, 외형은 중요하지 않다. 분자와 수용체가 얼마나 잘 들어맞느냐가 관건이다. 아데노신 주차구역은 아데노신이 완벽하게 들어맞도록 만들어졌다. 그런데 우연히도 카페인 역시 딱 들어맞는다.

아데노신의 주요 과제는 우리에게 피로감을 느끼게 해주는 것이다. 아데노신 분자가 아데노신 수용체에 많이 주차될수록, 우리는 피로감을 더 많이 느낀다.

아데노신은 어떻게 생겨날까? 참으로 논리적이게도, 아데노신의 발생은 에너지 소비와 관련이 있다. 에너지를 많이 소비할수록, 아데노신이 더 많이 생긴다. 운동할 때 또는 그냥 생각을 하거나 호흡할 때처럼, 몸이 에너지를 쓰려면 **아데노신삼인산**(adenosine triphosphate, ATP)이라는 분자가 필요하다. 물론 운동할 때는 많이, 호흡할 때는 적게 필요하다.

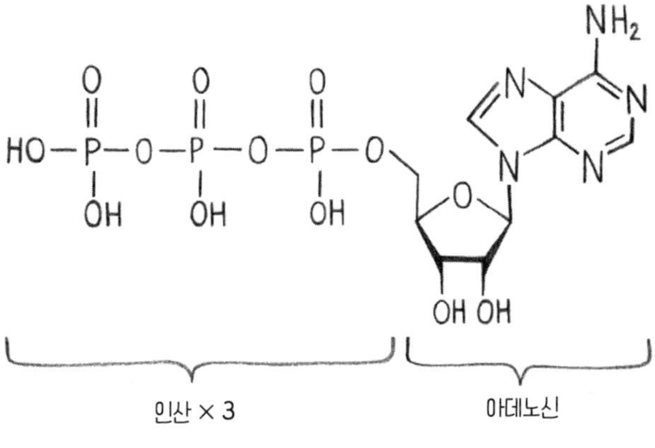

인산 × 3

아데노신

아데노신삼인산

아데노신삼인산은 몸의 에너지 단위로, 줄여서 ATP라고 쓴다. 그러나 나는 줄이지 않은 이름이 더 이해하기 쉬운 것 같다. 이름 전체를 보면 언어적으로 이해할 수 있기 때문이다.

아데노신삼인산이 인산 3개를 잃으면 아데노신이 된다. 그러므로 기억하기도 쉽다. 아무튼, 이 분자가 많이 필요할수록 아데노신이 많이 발생한다(생물학자는 약간 다르게 설명할 테지만, 단순화하자면 이렇다). 그리고 아데노신이 수용체에 더 많이 주차할수록, 우리는 더 피로해진다.

그러데 **커피**를 마시면 다르다. 카페인을 섭취하면, 카페인 분자가 15분 만에 아데노신 수용체로 가서 주차한다. 카페인은 심지어 이미 주차된 아데노신 분자를 쫓아내고 그 자리를 차지할 수도 있다. 이제 카페인이 주차장을 장악했지만, 아데노신 수용체는 그것을 알아차리지 못한다. 수용체는 아데노신을 '못 보고' 자신이 자유롭다고 생각한다. 그리고 우리는 정신이 맑다고 느낀다!

과학 논문에 도사리고 있는 전문가 덫

커피를 마셨음에도 크리스티네는 약간 기운이 빠져 있었다. 논문이 거절됐다는 소식을 방금 들었기 때문이다.

디스커버리 채널에서 방영하는 과학 프로그램 〈호기심 해결사〉의 진행자 애덤 새비지(Adam Savage)는 이렇게 말했다. "변죽만 울리는 것과 과학의 유일한 차이점은 기록에 있다." 그의 말이 옳다. 제대로 기록하고 분석하지 않는 한, 실험은 과학이 아니다. 그리고 연구가 새로운 지식이 되는 즉시 그 전체를 '논문'이라는 이름으로 출판할 수 있다.

그러나 이 짧은 낱말 뒤에는 길고 절망적인 과정이 들어 있다. 그래서 과정 자체가 벌써 학문이다. 결과를 수집하여 논문으로 작성한 뒤, 전문학술지에 제출할 수 있다. 학술지의 편집자는 평가단, 이른바 '리뷰어'를 선정한다. 이들은 대부분 다른 대학의 교수들로 같은 분야에서 일하는 사람들이다. 누가 평가단인지는 논문 작성자에게 알리지 않는다. 평가단은 논문을 읽고 평가하고, 학술지에 게재될 자격이 있는지 결정한다. 논문 작성자는 그 전에 주석을 적합하게 수정해야 하고, 자료나 실험 데이터를 추가로 제출해야 하는 경우도 종종 생긴다. 이런 식의 동료(peer)를 통한 평가를 **피어 리뷰** 또는 **동료 평가**라고 한다. 이런 평가가 학술 논문의 질을 보증한다.

꼼꼼한 수정을 거친 논문은 어딘가에서 출판하기로 결정되기 전까지 여러 학술지에서 거부당할 수 있다. 예를 들어 리뷰어 1은 논문을 훌륭하다고 평가하지만, 리뷰어 2는 완전히 다른 의견인 상황이 벌어질 수 있다. 지금 크리스티네에게 발생한 상황이 바로 이랬다. 크리스티네는 리뷰어 2의 평가의견을 내게 보여주었다.

"읽어봐. 이 남자는 확실히 전체 내용을 이해하지 못했어."

"또는 이 여자!" 내가 경고하듯 보충했다.

"여자든 남자든, 이 사람은 내 논문을 이해하지 못했어."

"그런 거라면 다행이잖아." 내가 말했다. "내용만 조금 수정하면 되니까."

과학 논문에서도 '전문가 덫'이 도사리고 있다. 전문가로서 자신의 작업에 관해 말할 때, 청중에게 어떤 사전지식이 전제되어야 하는지를 미처 고려하지 못하는 경우가 종종 생긴다. 파티에서 일반인에게 화학을 설명해야 할 때만 그런 게 아니다. 과학자는 자기들끼리도 무의식적으로 너무 복잡하게 표현하는 경향이 있다. 뭔가를 이해하지 못했을 때 그것을 말하지 않음으로써 상황이 더 심각해지기도 한다. 이해하지 못했다고 말하는 사람만 바보가 되고 창피를 당할 위험이 있으니 입을 다무는 일이 종종 있다. 학자로서 그런 굴욕을 견디기 어렵기 때문이다.

나는 박사 지망생 초기에 다른 지망생의 강의를 듣고, 내가 믿기지 않을 정도로 멍청하다고 확신한 적이 있다. 내용을 대부분 이해하지 못했기 때문이다. 반면 다른 사람들은 모두 아무 문제가 없어 보였다. 그러나 곧 나는 대부분이 나와 똑같다는 사실을 알아차렸다. 그리고 기본적으로 그 강의가 이해할 수 없게 진행됐다는 사실을 이제는 안다.

이해하기 어려운 강의는 그저 청중의 시간을 허비할 뿐이지만, 이해하기 어렵게 작성된 논문은 제 얼굴에 침을 뱉는 것과 같다. 그러므로 언제나 누군가 다른 사람을 통해 이해도를 시험하는 것이 가장 좋다. 스스로 시험하는 것은 별로 도움이 안 되는데, 자기 자신은 무엇이 쉽게 이해되고 무엇이 이해되지 않는지를 구별하는 감각을 이미 잃었기 때문이다.

"다시 한번 논문을 훑어봐 줄 수 있겠어?" 크리스티네가 물었다.

"물론이지." 이해하기 쉬운 과학이 내 전문 분야 아닌가.

새끼 공룡과의 첫 만남

우리는 대개 크리스티네의 연구실에서 시간을 보냈다. 다른 대부분의 '혁신적' 공간과 달리 그녀의 연구실은 절반만 유리 벽이다. 지금까지 우리는 그곳을 어느 정도 사적인 공간으로 사용해왔지만, 얼마 전부터 연구실을 나눠 쓰게 됐다. 공룡과 함께. 공룡의 이름은 토르벤이고, 킹 K 밑에서 일하며 박사후과정을 밟고 있다. 그가 살짝 오비랍토르를 닮았기에 우리는 몰래, 그러나 애정을 담아 '공룡'이라고 부른다. 그는 기이할 정도로 앙상하게 말랐고 상체를 구부정하게 앞으로 내밀고 걷는다.

처음에는 오비랍토르와 비교하는 게 말이 안 된다고 생각했다. 오비랍토르는 다른 공룡의 알을 훔치는 뻔뻔하고 교활한 공룡이기 때문이다. 토르벤은 그런 짓을 할 사람이 절대 아니다. 그런데 크리스티네가 설명하기를, '알 도둑'이라는 뜻의 오비랍토르는 오해에서 비롯된 작명이란다. 어떤 알둥지에서 오비랍토르의 뼈를 발견했고, 그래서 오비랍토르가 알을 훔치는 중이라고 잘못된 결론을 내렸다는 것이다. 나중에 그것이 자기 둥지였다는 사실이 밝혀졌다. 자기 둥지에 자기 뼈가 있는 건 당연한 일 아닌가? 어쩌면 오비랍토르는 아주 사랑스러운 공룡이었을 것이다. 토르벤처럼.

토르벤은 특히 심한 과학 괴짜다. 그냥 하는 말이 아니다. 이미 눈치챘겠지만, 나 역시 꽤 심한 과학 괴짜다. 나는 자연과학의 안경을 벗고 세상을 보는 게 무척 힘들다. 꼭 그래야 할 때만, 비과학자들의 세계에 나를 욱여넣고 평범한 사람인 척 얘기를 나눈다. 토르벤은 거의 공포장애 수준으로 부끄럼이 많다. 절대 과장이 아니다. 사회불안장애 또는 사회공포증은 DSM-V(정신 질환 진단 및 통계 편람 최신판)가 인정하는 공포장애다. 그러나 나는 심리학적 진단을 내릴 수 있는 척, 심지어 대면하지도 않고 진단할 수 있는 척 행동할 생각은 없다. 나는

이 공룡을 지금까지 한 번 만났고, 그에 관한 정보 대부분은 크리스티네한테서 들은 것이다.

내가 지난번에 여기에 왔을 때, 토르벤은 연구소 신입이었다. 우리는 크리스티네의 연구실에 있었는데, 우리 맞은편 책상에 앉아 있던 토르벤은 어딘가로 달아나고 싶어 하는 기색이 역력했다. 그때 나는 말린 사과를 먹고 있었는데, 인사의 의미로 사과 봉지를 그에게 내밀었다. 언뜻 보기에 아무 반응도 안 하는 것 같았지만, 나같이 노련한 괴짜는 감지할 수 있다. 그는 분명 나의 손을 인지했고 어떻게 반응해야 할지를 열심히 고민하고 있었다. 이런 상황, 그러니까 어색하고 불편하고 곤란한 상황에서는 그것을 내색하지 않는 것이 열쇠다. 긴 침묵에 초조해하며 어색하게 웃어버리지 말고, 상대방의 반응을 아주 느긋하게 기다려야 한다.

깊이 생각해보면, 대인관계에 관한 여러 사회적 관습에는 이렇다 할 논리적 목적이 없다. 그러나 어떤 괴짜들은 오로지 논리적으로만 생각할 수 있어서, 거품에 갇힌 채 일상적이고 소소한 대화와 사회적 관습 사이에서 서툴게 움직인다. 그들은 짧은 첫 만남에서 이미 괴짜로 도장이 찍힌다. 그러나 열린 마음으로 기다리면, 거품이 저절로 터지는 경우가 많다. 크리스티네와 나는 그것을 자주 경험했다. 실제로 아주 조용한 공룡 뒤에는 아주 매력적인 남자가 숨어 있었다.

나는 토르벤을 향해 사과 말랭이 봉지를 오래도록 들고 있었고, 마침내 그가 하나를 꺼내 들었다. 이미 어느 정도 친해진 크리스티네가 놀리듯 말했다. "너무 건강한 간식이라 먹기가 부담스러워?"

공룡은 의무감에 여전히 사과 말랭이를 손에 든 채 조용히 말했다. "사과 알레르기가 심해서…."

방부제 없이는 학교 식당 밥도 없다

"공룡은 잘 지내?"

"내가 거의 엄마 노릇을 하고 있어." 크리스티네가 한숨을 쉬며 말했다. "그거 알아? 새끼 오리들이 알에서 깨면, 처음 보는 움직이는 물체를 엄마로 인식하고 어디든 졸졸 따라다니는 거? 토르벤은 새끼 오리고, 나는 엄마 오리야."

"새끼 공룡이겠지!" 나는 고쳐 말하고, 속으로 생각했다. 새끼 공룡도 그럴까? 티라노사우루스의 가장 가까운 친척이 어차피 조류니까.

"벌써 2시 반이고 학교 식당은 곧 문을 닫을 거야. 그런데도 그는 아직 아무것도 먹지 않았어. 왠지 알아? 내가 아직 점심을 안 먹었거든."

"그 정도야?"

"그렇다니까! 내 옆에 항상 공룡이 있다고 상상해봐."

나는 50년 뒤에 크리스티네와 공룡이 벽난로 앞 흔들의자에 앉아 뜨개질하는 모습을 떠올렸다.

학교 식당이 문을 닫기 전에 서둘러 그곳으로 가야 했다. 크리스티네는 자신이 토르벤을 데려가지 않으면 무슨 일이 생기는지 보자고 했다. 카페테리아에서 식당으로 가려면, 크리스티네의 연구실을 지나야 한다. 우리는 유리 틈으로 흘깃 보았다. 공룡은 컴퓨터 앞에 앉아 있었는데 우리를 못 본 것 같다. 하지만 그가 곧 따라올 거라고 크리스티네는 확신했다. 내가 같이 있는데도? 게다가 지난번에 사과로 그를 거의 독살할 뻔했는데?

말이 나왔으니 독에 관해 얘기해보자. 작년에 대학 식당 앞에 대학생 약 30명이 모여 피켓을 들고 '방부제 사용 반대' 시위를 했다. 하지만 나는 학교 식당에서 방부제를 쓰지 못하게 하는 건 좋은 생각이 아니라고 본다. 나는 신선한 재료를 아주 좋아하고, 할 수 있는 한 언제나 신선한 재료로 요리를 한다. 하지만 매일 수천 명을 먹이는 단체 식당의 경우에는 몇 가지 방부제가 있어서 정말 다행이라고 생각한다.

세상은 박테리아와 균, 여러 미생물로 가득하다. 그리고 그들도 어차피 뭔가를 먹어야 한다. 예를 들어 우리의 음식 같은 것 말이다. 그들이 많이 먹어 치우지 않고, 음식을 구역질 나게 변질시키지만 않는다면 나는 미생물에게 내 음식을 나눠주는 것에 반대하지 않을 것이다. 당연히 감염과 식중독도 없어야 한다. 식중독 하면 대부분이 살모넬라균 중독을 떠올리는데, 식중독 목록은 아주 길다. 예를 들어 보툴리누스균은 육류에 든 독으로 생명을 위협한다.

박테리아 이외에도 음식을 부패시키는 순수한 화학반응도 있다. 박테리아가 신진대사를 할 때 일어나는 화학반응만으로도 박테리아의 독물질이 생길 수 있다. 음식을 부패시키는 고전적인 화학반응을 우리는 이미 핸드폰 배터리 이야기에서 만났다. 바로 **산화**다.

산화의 정의는 다양하다. 핸드폰 배터리에서 산화는 전자를 배출할 때 생기는 화학반응이다. 그리고 이것이 일반적으로 통용되는 정의다. 그러나 글자 그대로, '산소와의 화학반응'으로 정의할 수도 있다. 지방이 산소와 반응하면, 다시 말해 지방이 산화하면 악취가 나고 먹을 수 없게 된다. 사과를 자르면, 폴리페놀이 산화하여 갈색으로 변한다. 사과의 종류에 따라 갈변 속도가 다른데 그래니 스미스, 골든 딜리셔스 같은 새로운 품종들에는 폴리페놀이 적게 함유되어 있다. 갈변이 더디니 보기에는 더 좋겠지만, 토르벤처럼 사과 알레르기가 있는 사람에게는 더 나쁘다. 알레르기가 있는 사람들에게는 폴리페놀이 많이 함유될수록 덜 위험하다.

산화를 위해서는 기본적으로 **효소**가 필요하다. 효소는 단백질에 속하며 사람과 동물, 식물과 과일 등 어디에나 있다. 효소는 화학구조와 기능 방식에서 무척 다양한 종류가 있지만, 모두가 갖는 공통점이 있다. 화학반응의 **촉매** 역할을 한다는 것이다. 효소의 촉매 역할이란 분자들이 하고자 하지만 썩 잘하지 못하는 일을 효소가 돕는다는 뜻이다. 전철에서 내리는 노인을 도와주는 친절한 청년처럼. 어떤 효소는 올바른 반응 파트너를 이어주는 훌륭한 커플 매니저이고, 어떤 효소는 칼질을 대신하여 요리 속도를 올려주는 채칼 역할을 한다.

효소는 대단히 다양한 물질이다. 사과가 산소를 만났다고 해서 곧장 갈색으로 변하는 게 아니다. 사과에는 PPO라고 줄여 부르는 폴리페놀산화효소(polyphenoloxidase)가 들었고, 이것이 사과의 갈변을 돕는다. PPO가 폴리페놀의 산화를 전담한다는 사실은 이름에서 매우 구체적으로 드러난다. 그리고 끝에 붙은 '-ase'는 전형적으로 효소를 뜻한다. 우리의 신진대사 역시 효소 없이는 안 된다. 우리 몸을 살아 있게 하는 대부분의 화학반응은 효소가 없으면 전혀 이뤄지지 않거나 아주 느리게 진행된다. 나는 술을 못 마시는데, 나의 알코올 분해효소 중 하나가 고장 났기 때문이다(이 얘기는 13장에서 다시 하겠다).

원치 않는 화학반응, 부패

음식의 부패는 말하자면 원치 않는 화학반응의 연속이나 마찬가지다. 우리는 냉장고와 냉동고를 사용함으로써 물리적인 방법으로 부패를 막는다. 대부분의 화학반응은 기온이 낮을

수록 느리게 진행되기 때문이다. 부패를 막기 위한 화학적 전략들도 많다. 미생물을 방해하거나 효소를 방해하거나 산소를 없애는 전략들이다. 로마로 가는 길은 많다.

산소부터 보자. 지구에 있는 뭔가를 산소로부터 격리하기는 쉽지 않다. 무엇보다 산소가 공기의 구성성분이기 때문이다. 산소를 없애기 위해 생산자는 식료품을 진공 포장할 수도 있고, 아르곤이나 질소 같은 보호 가스를 넣어 포장할 수도 있다. 식료품에 사용하는 보호 가스는 기본적으로 산소가 희박한, 질소와 이산화탄소의 혼합이다.

식료품을 포장할 때 산소를 100퍼센트 없앨 수는 없지만, 산소와의 접촉이 낮을수록 산화가 덜 된다. 사과 단면에 누텔라 초코잼을 발라둬도 산소를 막는 썩 괜찮은 차단막 역할을 한다. 다만, 건강에 안 좋은 방법이긴 하다. 건강에 좋은 방법도 있다. 사과에 레몬즙을 뿌려두면 된다. 레몬즙에는 항산화

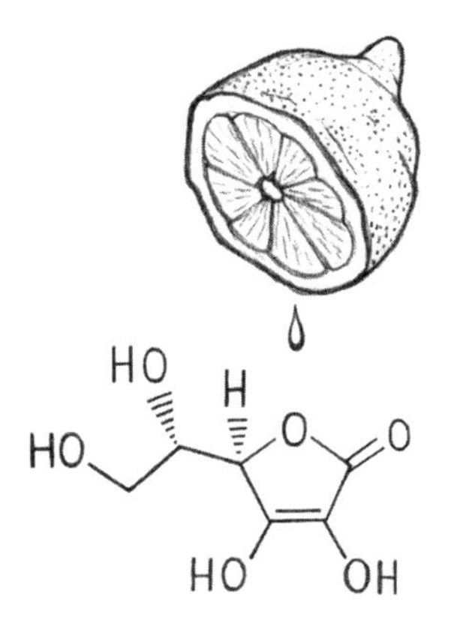

비타민 C
(아스코르브산)

제인 비타민 C가 들어 있기 때문이다.

모두가 **항산화제**에 대해 말한다. 화장품 광고에서도 이 낱말을 쏟아낸다. 항산화제는 화학적으로 그리고 글자 그대로 정의할 때, '산화를 막는 물질'이다. 이 물질은 기꺼이 산소와 반응할 뿐 아니라 아주 잘 반응한다. 순교자처럼 몸을 던지며 이렇게 외친다. "폴리페놀을 놓아주고 대신 나를 잡아가라!"

레몬즙 역시 산이다. **산**은 효소의 수를 감소시킨다. 효소는 종이접기처럼 면밀하게 접힌 거대하고 복합적인 분자다. 효소의 입체 구조에 정밀한 작업의 비밀이 담겨 있다. 효소는 면밀하게 접힌 틈새에 한쪽 파트너를 밀어 넣어 나머지 한쪽 파트너가 편하게 자리를 잡을 수 있게 함으로써, 목적에 맞게 두 반응 파트너를 하나로 합칠 수 있다. 그러나 산은 면밀하게 접힌 효소를 평평하게 펼 수 있다. 그러면 효소는 입체 구조를 잃어 화학적 촉매 효과도 함께 잃는다. 오이피클이 꽤 오래 보존되는 이유도 이것이다. 식초가 방부제 역할을 하기 때문이다.

산이 음식을 보존하게 돕는 박테리아도 있다. 이 지점에서 강력히 강조하건대, 모든 박테리아가 우리에게 나쁜 짓을 하는 건 아니다. 또한 좋고 나쁨은 때때로 큰 차이가 없기도 하다. 우유가 시큼해지는 건 박테리아가 생산하는 젖산 때문이다. 그런데 요구르트나 응유치즈를 만들 때는 의도적으로 이것을 이용한다. 즉 우유에 특정 젖산 박테리아(유산균)를 혼합한다. 이 박테리아는 우유를 시큼하지만 먹을 수 있고 오래 보존할 수 있는 상품으로 바꿔놓는다. 대표적인 저장식품인 사우어크라우트(소금에 절여 발효시킨 양배추-옮긴이)를 만들 때도 같은 기술을 쓴다.

천연은 안전하고 화학은 위험하다는 고정관념

지금까지 이야기한 식초와 유산균은 엄연한 '화학적' 방부제다!

우선 용어부터 정리하자. 실험실에서 만드는 방부제를 '합성방부제'라 부르기로 하자. 식료품 포장에 적힌 성분표를 보면 E와 숫자로 구성된 기이한 이름이 있는데, 그것이 합성방부제다. 합성방부제에서 가장 중요한 요소는 **소브산** 같은 산과 그것의 염분인 **소브산염**이다. 성분표에는 E200, E202, E203 등으로 적혀 있다. 화학구조 면에서는 비누를 만들 때 사용하는 지방산과 지방산염을 살짝 닮았다. 또한 천연 식이지방산처럼 소화되므로 독성을 걱정할 필요 없다. 소브산과 소브산염은 냄새나 맛 역시 아주 평범하다.

그러나 때때로 다른 산이 필요하기도 하다. 예를 들어 **벤조산**과 그것의 염분인 **벤조산염**이 그렇다. 성분표에는 E210, E211, E212, E213 등으로 적혀 있다. 벤조산과 벤조산염은 낮은 pH 농도에서도, 즉 다른 산이 존재할 때도 효모와 곰팡이의 증식을 막기 때문에 특히 마요네즈나 청량음료 등 신맛 음식을 보존하는 데 사용된다.

벤조산은 소브산만큼 평범하진 않다. 무엇보다 벤조산이 아이들을 부산스럽게 만드는 것 같다는 의심이 있다. 그러나 유럽식품안전청(EFSA)이 재확인했듯이, 이런 두려움에는 과학적 근거가 없다. 벤조산과 벤조산염은 공식적으로 안전 판정을 받았다.

화학자인 나를 당혹스럽게 하는 일반인들의 두려움은 다른 데 있다. 바로, '벤조산은 자연적으로 발생하는 물질이니 걱정하지 않아도 되지만, 벤조산염은 합성 물질이기 때문에 위험하다!'라는 생각이다. 나는 이런 내용을 심심찮게 접한다. 이것은 맹목적인 화학 차별이다. 벤조산과 벤조산염은 형식만 다를 뿐 같은 분자이기 때문이다!

벤조산은 지방산과 마찬가지로 탄산이다. 탄산에는 언제나 두 가지 형식이 있다. 산 형식과 염기 형식. 지방과 비누에서처럼 산 형식은 물에 잘 안 녹는 반면 염기 형식은 이온, 즉 전하로서 물에 잘 녹는다. 이 두 형식 중 어느 쪽이 우선이냐는 주변의 pH 농도가 결정한다. 주변이 염기성이면(높은 pH 농도) 벤조산염이 더 많고, 산성이면(낮은 pH 농도) 벤조산이 더 많다. 시큼한 식료품에 벤조산염을 첨가하면, 벤조산염 일부가 벤조산으로 바뀔 수밖에 없다. '자연적으로' 또는 '화학적으로' 일어나는 변화다. 허용 한계치는 자연적이냐 화학적이냐와

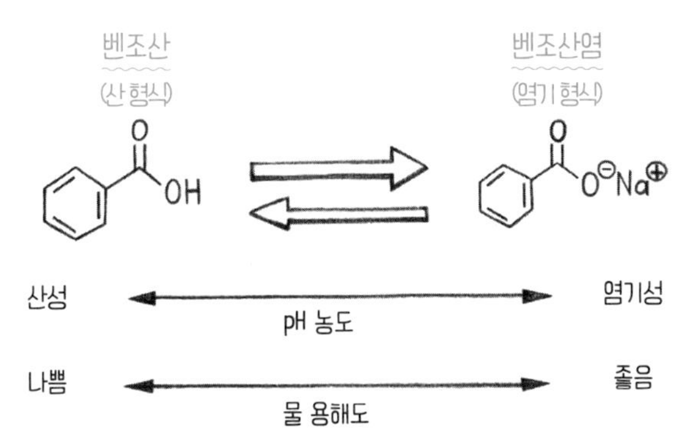

상관없이 정해져 있으며, 화학적이라 하더라도 한계치 이상을 사용하지는 않는다.

100퍼센트 천연의 진실

성분표는 함유 물질의 용량 순서로 배열되는데, 방부제를 나타내는 E-번호는 주로 한참 아래에 있다. 즉, 많은 양이 들어 있지 않다. 그럼에도 독성은 확실하게 점검해야 한다. 실험실의 기술적 가능성은 계속해서 발전하고, 오늘날에는 장기 연구에 필요한 자료들을 옛날보다 더 쉽게 수집할 수 있다. 이미 허용된 함유 물질에 대해서도 여전히 연구가 필요하다. 그래야 명확한 새 데이터를 기반으로 허용치를 점검할 수 있기 때문이다.

알다시피, 연구는 대부분 복잡하고 오랜 시간이 걸리는 작업이다. 건강이나 안전에 관한 연구이고 게다가 위험이 의심

되는 내용이 포함됐다면, 비록 완성된 연구 결과가 아니더라도 진지하게 받아들여야 한다. 그래야 미리 대안을 고민해볼 수 있다. 그렇지만 공포를 조장하거나 화학을 차별하는 것은 해결책이 아니다. 유의미한 대안이 아직 없다면 더더욱 그렇다.

화학 차별이든 아니든, '인공' 성분을 거부하고 '천연' 성분을 선호하는 마음을 나는 충분히 이해한다. 나 역시 신선한 음식을 더 좋아하고, 실제로 그것이 훨씬 더 맛있다. 다만, '천연'이라는 라벨이 애석하게도 '신선하다'와 동의어가 아님은 알고 있어야 한다. 이는 천연 향료 및 감미료와 합성 향료 및 감미료를 비교하면 명확해진다. 천연 과일 향을 내는 분자의 구조를 알면, 자연에서 추출하거나 실험실에서 똑같은 분자를 직접 만들 수 있다. 이 중 실험실에서 만드는 것을 합성이라고 한다. 분자구조가 같다면, 자연에서 추출한 분자와 실험실에서 합성한 분자 사이에는 차이가 없다.

그래도 자연은 모든 화학자를 합친 것보다 월등히 훌륭한 화학자다. 맛은 종종 다양한 분자들의 오묘한 조합에서 비롯되는데, 인공 향은 분자들의 조합이 천연 향보다 더 단순하다. 단, 인공 향이 천연 향보다 더 안전하다고 할 수는 없지만 적어도 똑같이 안전하다. 인공 향료는 모든 개별 성분이 공개되고 검사되기 때문이다.

아무튼, 어떤 상품에 '천연 향 100퍼센트'라고 적혀 있더라도 그 향이 해당 열매에서 추출했다는 뜻은 아직 아니다. 예를 들어 '천연 코코넛 향'은 코코넛에서 추출하지 않고 종종 마소이아 나무의 껍질에서 추출한 마소이아락톤이라는 분자로 만든다. 천연은 맞지만, 코코넛은 아니다.

또한 음식에서 보존성을 중시한다면, 합성첨가제를 싸잡아 악마로 만들어선 안 된다. 방부제로 사용되는 레몬산은 당연히 레몬과 여타 감귤류에서 나온다. 그러나 지구상에는 레몬산 수요를 채울 만큼 레몬과 여타 감귤류가 넉넉히 존재하지 않는다. 그래서 나는 합성 레몬산을 칭송한다. 분자를 자연의 식물에서 추출하느냐 인간 화학자가 실험실에서 합성하느냐는 아주 사소한 문제다.

화학이 언제나 나쁜 건 아니다.

썩지 않는 괴물 버거에 대한 오해

여담으로 화학 얘기 하나 더. 절대 썩지 않는 신비한 맥도날드 치즈버거를 혹시 기억하는가? 1996년에 캐런 한라한(Karen Hanrahan)이라는 한 여성이 맥도날드 치즈버거 하나를 샀다(그녀는 어쩌면 지금도 그 햄버거를 가지고 다닐 것이다). 치즈버거를 산 이후 수년이 지났는데도 썩은 곳 하나 없이 멀쩡한 것이 샀을 때와 똑같아 보였다. 나는 2012년에 이 신비한 버거 얘기를 처음 들었는데, 어쩌면 지금도 그때와 똑같아 보일 것이다. 당연히 이 얘기는 오래도록 헤드라인을 장식했다. 이 괴물 버거에는 도대체 뭐가 들었을까? 어떤 화학 혼합물이 그런 일을 해낼까? 우리가 지금 먹는 음식에는 무엇이 들었을까?

대답은 살짝 실망스러운 동시에 안도감을 준다. 버거에는 괴물 물질이 들어 있지 않았다. 맥도날드 치즈버거는 그냥 바짝 말랐을 뿐이다. 아주 단시간 내에 건조되어 박테리아와 곰팡이들이 업무를 수행하는 데 필요한 수분을 얻지 못한 것이다. 캐런 한라한은 패스트푸드를 공개적으로 비판하는 운동에 열정적으로 참여했고, 그녀의 말린 치즈버거는 가장 인상적인 소품이었다. 그녀는 말린 버거를 나쁜 화학에 대한 '증거'로 사용했다. 원칙적으로 나는 이 운동을 지지한다. 패스트푸드는 가능한 한 적게 먹는 것이 좋다. 그러나 패스트푸드를 적게 먹자고 선전하기 위해 과학 지식을 왜곡하는 건 정말 화나는 일이다. 패스트푸드를 적게 먹어야 하는 이유를 설명해주는 아주 멋진 과학적 증거들이 얼마나 많은데!

어쨌든, 치즈버거의 사례에서 우리는 산소뿐 아니라 수분도 음식을 상하게 한다는 사실을 배울 수 있다. 음식을 그냥 말리거나 설탕이나 소금을 잔뜩 뿌려두면 오래 보관할 수 있다(당연히 이 방법이 무조건 건강에 유익한 건 아니다). 소금과 설탕 역시 수분을 빨아들인다. 친수성이 아주 높아서 거부할 수 없는 방식으로 물 분자를 끌어당긴다. 물 분자가 소금 이온이나 설탕 분자를 꼭 끌어안고 있어서 미생물이 물 분자라는 먹이를 얻지 못한다.

아무튼, 학교 식당 앞의 소규모 시위는 방부제를 포기시키는 데 성공하지 못했다. 대신 어떤 방부제를 썼는지 누구나 확인할 수 있도록 식단에 명확히 기록하게 됐다. 하지만 나는 방부제와 진기한 E-번호들을 언급하는 것만으로도 사람들이 불안감을 느낄까 봐 두렵다. 현대에는 방부제가 일상의 일부지만, 이 사실을 아는 사람은 별로 없다. 그러니 내가 외치지 않을 수가 없다. 우리는 화학을 더 잘 이해해야 한다! 화학의 모든 뉘앙스 그리고 위험과 기회까지 모두!

당연히 유기농으로 재배된 신선한 로컬푸드를 먹는 게 좋다. 그렇게 할 수 있을 때는 언제나 그러길 바란다. 그러나 가끔은 실용성을 생각하고 다음을 기억해야 한다. 마트에서 식료품을 살 수 있고, 학교 식당에서 식사를 할 수 있는 '호사'는 수백 년의 과학 발전 덕분이고, 방부제가 없었더라면 생각조차 할 수 없는 일이라는 사실을 말이다.

방부제는 수많은 사례 중 하나에 불과하다. 우리는 화학 합성으로 생산된 물질의 덕을 믿기 어려울 정도로 많이 보고 있다. 그럼에도 독성과 비자연적인 화학을 두려워하며, 우리의 일상을 쉽게 해주고 더 나아가 목숨을 구해주는 화학의 수많은 긍정적 성취를 보지 못한다. 의약품, 전선의 절연, 헤어스프레이 등 당장 우리 주변에도 얼마나 많은가.

어떤 사례에서는 화학에 대한 두려움이 예방접종에 대한 두려움을 상기시킨다. 예방접종 물질은 제 할 일을 아주 잘 해냈다. 그 덕에 우리는 예전에는 인류를 위협했던 심각한 질환들을 완전히 잊고 산다. 천연두, 홍역, 디프테리아, 소아마비가 없는 삶이 당연해져서 이제는 예방접종의 가치를 인정하지 않는다. 가치를 인정하기는커녕 있을지도 모르는, 있더라도 극히 드문 부작용을 두려워한다. 빈도에서나 위험에서나, 부작용은 예방접종으로 물리칠 수 있는 질병과 비교조차 할 수 없다.

물론 예방접종과 화학을 비교하는 것은 다소 무리가 있다는 걸 나도 인정한다. 화학이 기본적으로 위험하지 않고 오히려 유용하다고 장담할 수는 없기 때문이다. 하지만 나는 성급한 일반화를 경고하고 싶다. 인간은 아주 쉽게 일반화에 빠지기 때문이다.

비록 다른 방향이긴 하지만 나 역시 그렇다. 한번은 콧물감기 때문에 약국에 약을 사러 갔다. 약사가 두 가지 약을 보여주며 고르라고 했다. 식물성 약과 화학 약. 나는 길게 생각할 것도 없이 화학 약을 골랐다. 뭔가 확실한 약을 원했으니까. 그리고 이때 나는 깨달았다. 나는 제대로 알아보지도 않고 화학이 무조건 더 강한 효과를 낼 거라 믿은 것이다. 이 역시 맹신이다. 그러니 나는 자신에게 이렇게 경고해야 한다. 실험실에서 나온 합성 물질의 효과가 자동으로 더 강하지 않고, 식물에서 나온 물질의 효과가 자동으로 더 약하지 않다!

모두가 각자의 선입견을 인식하고 자신이 손가락질하는 대상을 엄격하게 살핀다면, 화학과 자연 모두를 더 공정하게 대하고 더 나은 결정을 내릴 수 있을 것이다.

크리스티네가 나를 톡톡 치고는 머리로 학교 식당 입구 쪽을 가리켰다. 그녀가 예견했다시피 공룡이 쟁반을 들고 우리 쪽으로 터벅터벅 걸어왔다.

"너어어의 껌딱지라네…." 나는 놀리듯 노래했다.

"그냥 나랑 같이 사는 건 어떠냐고 물어봐야겠어." 크리스티네가 말했다. 어쩌면 우스갯소리로 한 말이겠지만, 사실 그녀는 이 공룡을 마음에 들어 하는 듯하다. "솔직히 나는 아주 자랑스러워. 공룡이 너한테는 낯을 가리지 않잖아."

"내가 원래 붙임성이 좋잖아." 내가 말했다.

"나는 원래 좋은 엄마이고." 크리스티네가 덧붙였다.

토르벤이 우리 테이블로 와서 앉았고, 기이한 일이 발생했다. 그가 나를 빤히 보더니 싱긋 웃었다. 그리고 사과 하나를 내 쟁반에 놓았다. 이렇게 감동적으로 갚다니. 상상 속에서 학교 식당 전체가 기립 박수를 보내고, 꽃가루 대포가 터지고, 깃발과 현수막이 펄럭이고, 군중이 공룡을 어깨에 메고 행진했다. 크리스티네와 나는 그에게 환하게 웃어주었고, 그도 같이 웃었다.

"보호막이 걷혔어." 크리스티네가 속삭였다.

유튜브 스타
과학자의 하루
Komisch, alles chemisch!

화학에서도 가장 중요한 것은 상호관계야

'모범적 결합'이란 이런 것

"킹 K가 방금 연구실에 왔었는데, 날 완전히 짓밟고 갔어." 공룡이 아주 차분하게 말했다.

"뭐?!" 크리스티네가 소리쳤다. 모성본능이 깨어난 듯했다. 둘의 모자 관계가 사실은 공룡이 아니라 크리스티네 때문에 형성된 게 아닌가 하는 의심이 서서히 들기 시작했다. "이번엔 또 무슨 일이래?"

"화분들을 모두 치우래. 연구실 정체성에 안 맞는다고."

"뭐에 안 맞아?" 크리스티네와 내가 동시에 외쳤다. 때때로 나는 대학을 떠나길 잘했다는 생각이 든다. 대학에 남았더라면 내 머리가 견뎌내지 못했을 것이다.

"그래서 뭐라고 했어?" 내가 물었다.

"지금 당장 치워야 하냐고 물었지." 공룡이 조용조용 대답했다. "그랬더니, 잔뜩 화가 나서 이렇게 말하는 거야. '박사씩이나 돼서 그런 멍청한 질문을 해서 되겠나?'라고 말이야."

킹 K는 분명 '아니요' 소리를 들은 지 아주 오래됐을 것이다. 서열 1위라면 그런 법이다. 서열은 어디에나 있기 마련이지만, 대학에서의 서열은 특히 악의적이다. 기업을 보면 각 팀

장에게는 저마다의 상사가 있다. 이사회의 목덜미에는 주주나 노동조합이 있다. 그러나 교수 위에는 이론적으로 신밖에 없다. 더욱이 과학자는 주로 무신론자이기 때문에 그들은 절대권력을 행사한다.

인간관계 그리고 화학결합

당연히 훌륭한 교수들도 아주 많다. 예를 들어 크리스티네와 나의 박사학위 지도교수는 아주 멋진 분이었다. 지도교수가 그렇게 훌륭한 사람이 아니었더라면, 아마도 크리스티네는 산업 현장으로 나가 많은 돈을 벌고 있을 테고 그것은 과학계에 큰 손실이었을 것이다. 그러나 크리스티네는 연구실에 남았다. 기한이 정해진 고용계약, 보잘것없는 보수 그리고 어마어마한 실적 압박 속에서 어느 정도 감정적으로 지지하고 가치를 인정하는 사람조차 많지 않다. 크리스티네의 상황을 이해하는 데 다음의 이야기가 도움이 될 것이다.

캐런 한라한이 썩지 않는 치즈버거를 샀던 1996년에, 화학자 에릭 카레이라(Erick Carreira)는 편지 한 통을 썼다. 카레이라는 당시 세계에서 가장 권위 있는 대학에 속했던 캘리포니아 공과대학 캘테크에 재직하는 주목받는 화학 교수였다. 그가 박사후과정으로 근무하는 귀도(Guido)에게 사적인 편지를 보냈는데, 그것이 나중에 공개됐다. 나는 그 편지를 여기에 가능한 한 글자 그대로 옮겨놓고자 한다.

귀도에게

연구소가 요구하는 것들을 서면으로 알리고자 편지를 써. 연구소의 모든 일원은 보통 업무 시간 외에 밤에도 주말에도 일을 해야 해. 곧 알게 되겠지만, 이곳 캘테크에서는 그것이 기본이지. 사적인 일에 시간을 쓰느라 실험실에서의 책임을 소홀히 하는 일도 간혹 생기겠지만, 그것이 습관이 되어서는 절대 안 돼. 나는 그것을 용납할 수 없어.

주말에 몇 번 실험실에 나오지 않았고 최근에는 밤에도 더러 빠지는 것 같더군. 그뿐인가. 이런 자유 시간을 누렸으면서 휴가까지 신청했더군. 휴가는 문제가 아니야. 휴가는 누릴 가치가 있지. 하지만 프로젝트에 악영향을 미치는 지속적인 휴가와 지속적인 자유 시간은 용납할 수 없어. 그것은 네가 학문을 하는 데 매우 좋지 않을 뿐만 아니라 해롭기까지 하니까.

노동윤리를 당장 수정하는 게 좋을 거야.

미국과 전 세계에서 매일 적어도 한 통씩 박사후과정 신청서가 내게 오고 있다는 걸 명심하라고. 요구되는 업무 시간을 채울 수 없다면, 나는 이 중요한 프로젝트에 적합한 다른 사람을 찾아보겠어.

그럼 이만.

이 편지가 공개되자 당연히 엄청난 분노가 일어났다. 편지 내용은 사실 그대로였다. 화학자들은 편지에서 요구하는 내용보다(학계에서는 이미 흔한 일이다) 더 직접적이고 노골적인 표현을 접하고, 더 많이 충격을 받는다. 나는 이와 관련된 여러 사례를 알고 있지만, 그 얘기를 다 하려면 책 한 권을 더 써야 할 것이다.

이 편지를 썼을 당시에 카레이라는 지금의 크리스티네와 비슷한 상황이었다. 서른세 살이고 학자로서의 경력을 계속하느냐 중단하느냐의 중요한 갈림길에 있는, 정교수 바로 전 단계였다. 현재 카레이라는 유기화학자로서 세계적으로 인정받고 있다. 내가 듣기로, 그는 그사이 아주 쿨하고 여유로워졌다고 한다.

내가 아는 여러 젊은 학자와 크리스티네 덕분에 나는 미래를 낙관적으로 보게 됐다. 다만, 대학에서 경력을 쌓는 몇 년 동안 그들 역시 비인간적으로 변하지 않기를 바랄 뿐이다. 크리스티네는 내게 자주 일러둔다. 자기가 대학생들을 비인간적으로 다루는 기미가 혹시라도 보이면, 주먹을 꽉 쥐고 펀치를 날려달라고.

역시 가장 중요한 것은 인간관계다. 화학에서도 상호 관계가 매우 중요하다. 원자와 원소는 각각 그 자체로 매력적이다. 그런데 원자가 분자로 결합하고 화학반응을 일으키면 정말로 흥미로워진다. 어떤 화학결합은 방식 면에서 인간관계와 매우 유사하다.

예를 들어 친구들 가운데에는 뗄 수 없는 짝꿍들이 있듯이, 화학결합에서도 '슈테피들'이 있다. 그들의 이름도 실제로 슈테피와 슈테판이다. 대단히 조화롭게 들리지만 아이러니하게도 정반대다. 슈테피들이 계속해서 싸운다고 말할 수도 있겠지만, 엄격히 말하면 슈테피는 계속해서 싸움을 걸고 슈테판은 그저 조용히 참으며 견딘다. 슈테피는 극단적으로 욕심이 많고, 슈테판은 모든 걸 양보한다.

이 관계는 아주 불평등해 보인다. 크리스티네는 슈테판이 가련하다고 말했지만, 나는 슈테판도 만족하리라고 생각한다. 둘은 이미 오랫동안 함께였고, 내 추측대로 그들 고유의 방식으로 행복하다. 크리스티네는 슈테피들의 관계를 '준안정 결합'이라고 하고, 나는 '이온 방식 결합'이라고 말한다.

화학결합에는 세 가지 종류가 있다. 아니, 알아두면 유용한 결합이 최소한 세 가지다. 원자결합, 이온결합, 금속결합이다. 두 원자를 결합하는 물질은 언제나 전자다. **화학결합은 전자의 분배를 통해 생긴다.** 더 정확히 말하면, 원자의 가장 바깥 껍질에 있는 전자들이 화학결합에서 분배된다. 2장에서 언급한 원자가전자 얘기다. 원자가 결합하는 이유는 옥텟 규칙 때문이다. 그러나 어떤 종류의 결합이냐는, 결합 파트너의 원자가전자가 정확히 어떻게 분배되느냐에 달렸다.

정반대의 완벽한 짝을 만나는 이온결합

이온결합 또는 **이온 방식 결합**에서는 한쪽 파트너가 다른 파트너에게 전자를 선물한다. 옥텟 규칙에 부족한 전자가 몇 개냐에 따라, 선물하는 전자가 1개일 수도 있고 여러 개일 수도 있다. 우리는 이미 치약의 불화나트륨 또는 식용 소금인 염화나트륨에서 이 결합을 살펴봤다. 서로를 끌어당기는 양전하와 음전하, 양이온과 음이온이 생긴다. 인간의 상호 관계, 그러니까 인간의 결합에서도 종종 같은 일이 발생한다. 어차피 상반되는 사람들이 서로에게 끌리는 법이니까.

염화나트륨 같은 이온결합을 나트륨과 염화물이 1대 1로 짝을 이룬다고 상상해선 안 된다. 양전하를 띠는 나트륨과 음전하를 띠는 염화물 사이의 전기적 인력은 각 이온에서 사방으로 방출하듯 작용한다. 각각의 나트륨 이온 주변을 염화물 이온이 3차원으로 둘러싸고, 반대의 경우도 마찬가지다. 그러면 질서정연한 3차원 구조가 생겨 이온결정이 된다. 식용 소금의 **이온결정**은 다음 그림처럼 생겼다.

나는 이런 결합을 2장에서 '모범적인 결혼'이라고 표현했다. 그러나 이런 특징을 고려하면, 그것이 더는 적합한 표현이 아닌 것 같다. 이온결합은 한쪽이 일방적으로 주고 다른 한쪽은 받기만 하는 불평등한 관계니 말이다. 그렇더라도 그들은 행

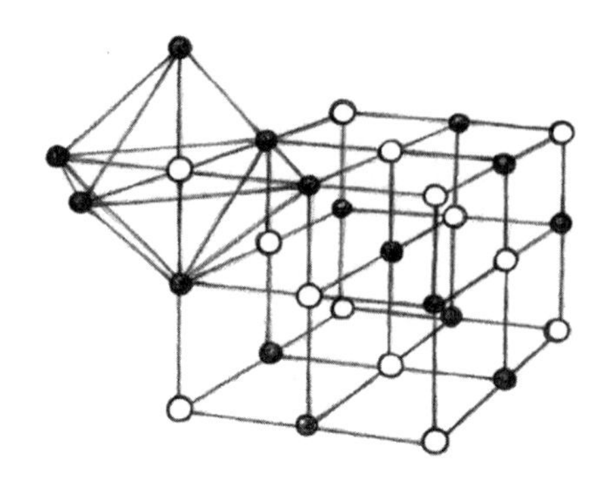

복하다. 슈테피들처럼, 한쪽은 오로지 주기를 원하고, 다른 한쪽은 오로지 받기를 원하기 때문이다(6장에서 다뤘던 산화환원반응과 아주 비슷하다).

밖에서 보는 사람들은 분명 슈테피를 비난하고 슈테판을 동정할 것이므로 '모범적인' 결혼은 아닐 테지만, 완벽한 결혼이라 할 만하다. 이런 화학결합 원리를 인간관계에도 적용할 수 있다. 내 생각에, 크리스티네와 토르벤의 '엄마와 새끼 공룡 관계'는 이온 방식의 결합과 아주 많이 닮았다.

공유를 통해 연결되는 공유결합

이제 나와 크리스티네의 관계와 비슷한 결합을 살펴보자. 2장에서 우리는 탄소와 불소의 결합을 테플론 프라이팬에서 확인했다. 유기결합, 즉 탄소결합은 운명적으로 **원자결합** 또는

공유결합으로 불린다. 나는 개인적으로 공유결합이라는 표현을 더 좋아하는데, 원자결합은 너무 밋밋하게 들리기 때문이다. 어차피 모든 결합이 원자들의 결합 아닌가.

공유결합 파트너들은 한쪽이 전자를 주고 다른 쪽이 받는 대신에, 전자를 공유한다. 그들은 전하 사이의 정전기적 인력이 아니라 전자의 공유를 통해 서로 연결되어 있다.

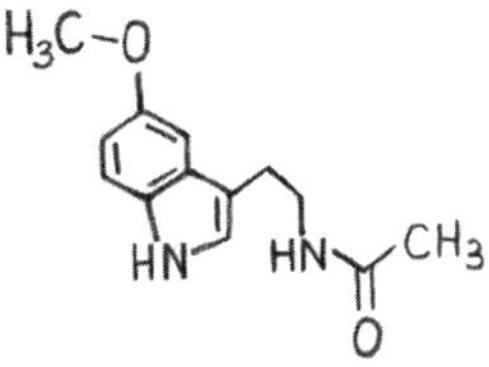

멜라토닌

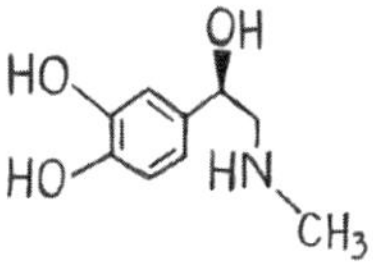

아드레날린

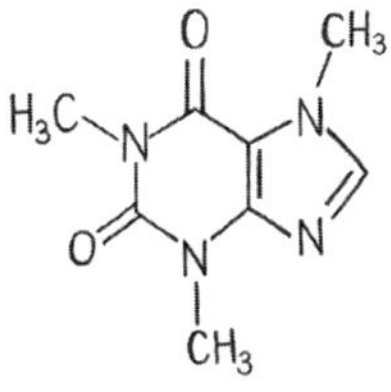

카페인

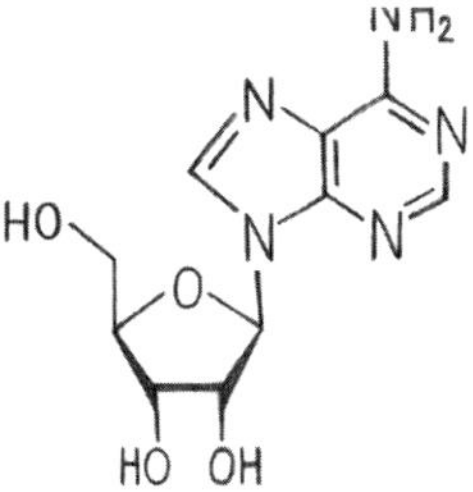

아데노신

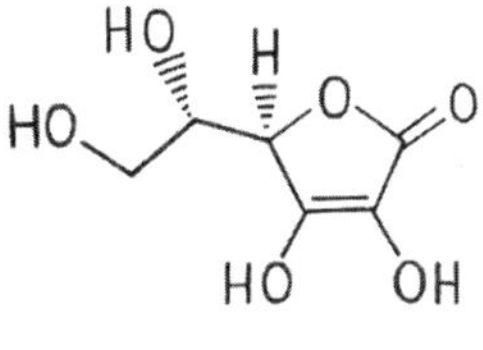

아스코르브산

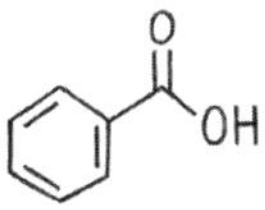

벤조산

당신은 지금까지 이 책에서 이미 몇몇 공유결합을 보았다. 화학구조에서 모든 선은 공유결합을 뜻한다. 그리고 글자가 적히지 않은 각들은 탄소 원자를 나타낸다. 세상은 탄소 천지기 때문에 대부분의 분자에 탄소 원자가 아주 많이 들었다. 그래서 굳이 곳곳에 'C(또는 CH_2, CH_3)'라고 적을 필요가 없는 것이다.

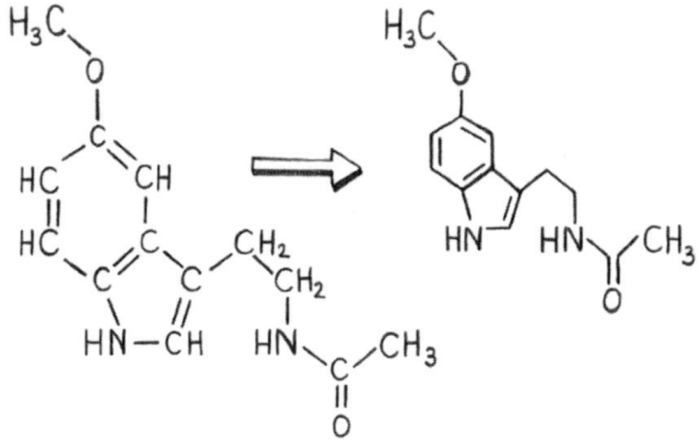

멜라토닌 화학구조의 단순화

공유결합에서 탄소가 대장이기 때문에, 우리는 삶이 탄소를 기반으로 하고 모든 생명이 탄소에서 시작됐다고 확신한다. 이온결합과 달리 공유결합은 사방으로 방출하지 않고, 특정 방향과 특정 결합 각도가 있다. 그러므로 공유결합이 이온결합보다 훨씬 더 정교한 구조를 형성할 수 있다. 거대하고 복잡한 단백질인 인간 유전자도 마찬가지다. 가스 분자들처럼 단순하고 작은 분자들도 오직 공유결합으로 기능한다. 반면 이온결합은 곧장 거대한 3차원 결정체를 형성한다.

그런데 이온결합과 공유결합 사이의 경계는 유동적이다. 모든 공유결합에서 두 결합 파트너가 완전히 공평한 건 아니고, 전자의 분배에서도 한쪽이 다른 쪽보다 더 많이 요구할 수 있다. 전자가 얼마나 공평하게 분배되느냐는 결합 파트너들의 끌어당기는 힘이 얼마나 다르냐에 달렸다. 화학결합 때 원소가 전자를 자기 쪽으로 끌어당기는 힘의 척도를 **전기음성도**라고 한다.

같은 원자 둘이 결합하는 경우, 예를 들어 탄소 원자 둘의 고전적 결합에서는 전자의 분배가 정말로 공정하고 공평하다. 그러나 물 분자(H_2O)에서는 산소(O)가 수소(H)보다 전기음성도가 더 높고, 그래서 공유된 전자들을 자기 쪽으로 더 강하게 끌어당긴다. 그래서 물이 곧바로 이온화하지 않지만, 산소의 **전자 밀도**가 수소보다 더 높다. 이로 인해 **극성**이 생긴다. 배터리의 양극과 음극에서처럼, 물 분자에서도 전하의 분리가 있다. 다시 말해 산소 원자는 **음(-)의 부분전하**를 갖고, 수소 원자는 **양(+)의 부분전하**를 갖는다. 이온성 접촉이 있는 공유결합이라고 말할 수 있겠다. 또한 **극성 원자결합** 또는 **극성 공유결합**이라고도 한다.

전기음성도가 극단적으로 다르면, 한쪽이 전자를 모조리 자기 쪽으로 끌어당겨, 이온결합이 된다.

나는 인간관계를 이온결합과 공유결합으로 분류하기를 즐긴다. 자신과 정반대인 사람을 배우자로 택하거나 친구로 삼는 이온결합 유형도 많지만, 나는 공유결합 유형에 더 가깝다. 내 생각에 나의 결혼생활도 공유결합과 아주 흡사하다. 그리고 나는 '공유적으로 호환이 가능한' 사람들과 친구로 지낸다. 어떤 사람들에게는 그것이 너무 심심할 수 있겠지만, 나름의 장점도 있다. 크리스티네가 나를 위해 '결혼식 이브 파티'를 준비했을 때, 전에 서로 만난 적이 없었던 친구들이 한자리에 모였다. 그럼에도 그날 파티는 아주 조화롭고 자연스러웠다. 틀림없이 나의 공유결합 방식 인간관계 덕분일 것이다.

모두가 모든 것을 공유하는 금속결합

이제 마지막으로 **금속결합**이 남았다. 금속결합은 그 자체로 또 하나의 주제다. 금속결합은 골드바도 만들고 쇠못도 만든다. 그리고 당연히 1장에서 다뤘던 우리의 숟가락도. 1장에서 우리는 금속결합을 정글짐으로 상상했었다. 이제 당신은 더 깊이 들어갈 준비가 됐으니 조금 더 들어가 보자.

화학원소는 금속과 비금속으로 분류된다. 주기율표 원소의 약 5분의 4가 금속이다. 이들의 공통점은 **전자기체 모형**(또는 전자바다 모형)으로 설명되는 흥미로운 결합 방식에 있다. 여기서는 원자가전자가 단단히 연결되지 않고 개별 원자에 분배되지 않는다. 그 대신 기체 내부의 분자와 비슷하게, 원자가전자들이 금속 내부에서 비교적 자유롭게 이리저리 움직인다. 그래서 이 자유로운 전자 무리를 **전자기체**(또는 자유전자)라고도 한다.

공유결합과 비슷하게 금속결합 역시 공유된 전자를 기반으로 하지만, 금속에서는 공산주의와 같다. 모두가 모든 것을 공유한다.

금속 원자가 자신의 원자가전자를 자유롭게 돌아다니게 두면, 그것들은 스스로 양전하로 머문다. 그들은 양성 **원자 본체**(또는 금속 양이온)로서 금속의 골격, 즉 **금속결정**을 형성한다. 양성 원자 본체와 전자기체의 전자들은, 이온결정의 양이온과 음이온처럼, 서로를 끌어당긴다. 그러나 전자기체들이 자유롭게 움직일 수 있기 때문에, 금속결정은 이온결정처럼 그렇게 단단하지 않다. 그리고 그것이 바로 금속의 특성이다.

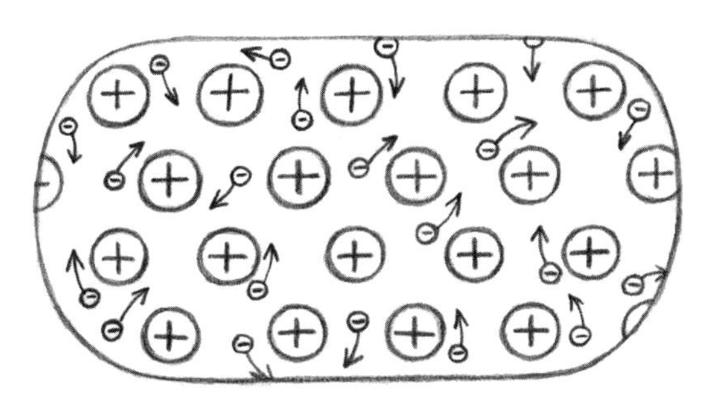

전자기체 모형

세 가지 특성이 있다.

첫째, 금속은 전류를 유도한다.

전류는 사실 '흐르는 전자'와 같은 말이다. 금속의 전자들은 전자기체로서 당연히 최고로 흐를 수 있다. 금속 선을 배터리에 연결하면, 한쪽으로 전자가 들어가 다른 쪽으로 나오게 된다.

둘째, 금속은 좋은 열전도체다.

1장에서 우리는 왜 금속 숟가락이 나무 탁자보다 더 차게 느껴지는가를 살펴본 적이 있다. 입자들 사이의 운동에너지가 전달되는 것이 곧 열전도이므로, 입자들이 최대한 자유롭게 움직이고 최대한 자주 충돌하면 당연히 열이 잘 전달된다. 전자기체 안에서 충돌이 있을 때마다 한 전자에서 옆 전자로 에너지가 전달된다. 반면 목재는 공유결합이다. 그러니까 분자로 봤을 때 훨씬 단단하고 나쁜 열전도체다.

셋째, 금속은 잘 변형된다.

금속이 말랑말랑하다는 뜻이 아니다. 강도와 변형성은 신발 두 짝과 같다. 철사는 단단한 동시에 변형성이 높다. 나무나 유리 막대를 구부리면, 언젠가 부러진다. 반면, 금속 막대는 구부러진다. 금속의 기본 골격을 형성하는 원자 본체들이 한곳에 단단히 고정되어 있지 않기 때문이다. 원자 본체들은 전자기체의 보호 속에 서로 부드럽게 미끄러지듯 활주하고, 그래서 금속은 두드려도 부러지는 일 없이 제련된다.

물리적이거나 생물학적인 특징들이 화학구조에서 비롯된

다는 사실을 확인할 때마다 나는 화학에 반한다. 정말 기발하지 않은가! 이런 지식을 이용하여 원하는 특징을 가진 분자와 물질을 직접 생산할 수 있다면, 얼마나 멋지겠는가.

"오, 이런. 말도 안 돼!" 크리스티네가 핸드폰을 보며 탄식했다.

"왜?"

"영 테슬라가 취소했어. 킹 K한테 가겠대." 크리스티네는 좌절했다.

'영 테슬라'는 크리스티네 밑에서 박사학위를 하겠다고 지원한 청년으로, 젊은 니콜라 테슬라를 닮았다. 그는 아주 훌륭하고 유망했으며, 면접 때 크리스티네가 확인했듯이 믿음이 가는 지망생이었다.

크리스티네의 연구팀은 소규모였지만, 대신 그녀에게는 올바른 사람을 선발하는 좋은 안목이 있었다. 팀원 모두가 훌륭한 학자이자 팀플레이어였고, 크리스티네에게는 이런 조합이 매우 중요했다. 크리스티네는 견고하고 의욕적인 팀 분위기를 위해, 학자로서는 아주 훌륭하지만 인간적으로 부적합해 보이는 지원자 한 사람을 거절하기도 했다.

영 테슬라는 그녀의 팀과 완벽하게 맞아 보였다. 그러나 크리스티네의 팀은 연구소에서 다른 8개 연구팀과 경쟁한다. 그리고 지원자들 대부분이 킹 K에게 가고자 한다. 그는 연구소 소장이고 이름 있는 교수니까. 신생 연구팀은 앞으로 얼마나 성공적일지 정확히 알 수 없으며, 당연히 위험을 의미할 수 있다. 크리스티네 같은 주니어교수들은 그들 자신이 큰 압박 속에 있기 때문에 제자들을 노예화할 위험 또한 높다. 크리스티네는 예외지만, 카레이라의 사례에서도 분명히 보지 않았는가.

확신컨대, 영 테슬라는 곧 자신의 결정을 후회하게 될 것이다.

"이제 앞으로 나는 그 학생이 킹 K에게 혹사당하는 모습을 지켜봐야 해." 크리스티네가 말했다.

"오늘은 재수 없는 날이야, 그치?" 나는 그녀의 어깨에 팔을 올리며 말했다.

"흠."

공룡도 아주 우울한 얼굴로 우리를 봤다.

"오늘 저녁에 집에 들러. 맛있는 거 해줄게." 내가 말했지만, 크리스티네가 선뜻 답하지 않았다. 분명 한 가지 생각에 몰두해 있으리라. 더 열심히 연구해서 더 빨리 성공하고 그래서 좋은 사람들을 더는 킹 K에게 빼앗기지 않을 거야! 저녁 먹을 시간이 어디 있어!

"자자, 두 사람 다 우리 집에 들러." 나는 크리스티네와 토르벤을 번갈아 보며 말했다. "저녁 7시. 안 된다는 말은 안 돼."

악취는 끔찍하지만, 악취 분자는 매력적이다

현기증 나는 냄새의 분자구조

나는 두 정거장이나 일찍 내렸다. 악취 때문에 더는 견딜 수가 없었다. 정신을 혼미하게 하는 땀 냄새가 옆에 선 잘생긴 매력남한테서 난다는 걸 정말이지 믿고 싶지 않았다. 하지만 버스에서 내릴 때 악취의 근원지를 명확히 확인하고야 말았다. 그 남자에게서는 트랜스-3-메틸-2-헥센산, 줄여서 TMHA 냄새가 났다. 이것은 **지방산**의 일종인 **카프로산**의 친척이다. 염소를 뜻하는 라틴어 카프라(capra)를 따서 카프로산이라고 하는데, 정말로 염소 냄새가 아주 강하게 나기 때문이다.

현기증 나는 땀 냄새의 분자구조

카프로산은 이른바 **포화지방산**으로, 탄소 사슬에 단일결합만 있고 이중결합이 없다는 뜻이다. 만약 카프로산에 이중결합을 추가하면 **불포화지방산**이 되고, 이 이중결합에 다시 메틸기(메틸 그룹)를 추가하면 TMHA 분자가 탄생한다. 특유의 염소 냄새를 풍기는, 그야말로 숨 막히게 하는 땀 냄새를 만들어내는 대단한 분자다.

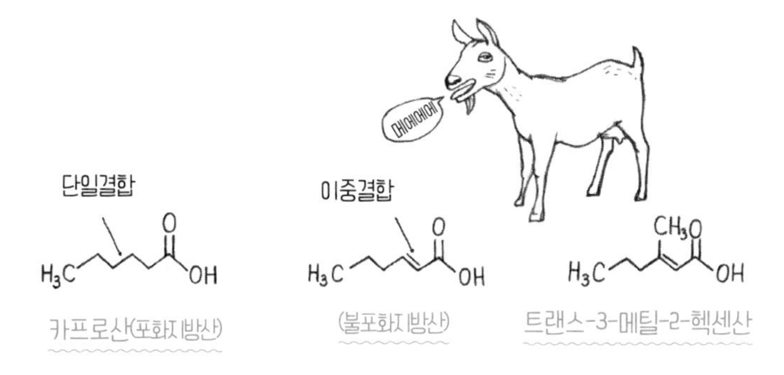

어쩌면 '우엑' 소리가 절로 나서 땀 냄새보다는 차라리 포화지방산과 불포화지방산에 대해 더 듣고 싶을 테지만, 그 얘기는 나중에 저녁을 먹으면서 하기로 하자. 지금은 마음을 가라앉히고 악취 분자에 대해 잠시 알아보자. 나 역시 악취는 끔찍하게 싫지만, 그럼에도 악취 분자들은 매력적이다.

냄새는 **휘발성** 분자에서 비롯된다. 휘발성이란 쉽게 증발한다는 뜻이다. 뭔가 안 좋은 냄새를 맡았다면, 안 좋은 냄새를 풍기는 분자들이 콧속으로 들어왔기 때문이다. 버스에서 내 옆에 섰던 남자의 땀 냄새도 마찬가지다. 땀의 일부가 그의 겨드랑이에서 내 코로 날아든 것이다.

유기화학은 강렬한 냄새와 연결되어 있다. 가장 훌륭한 향료와 감미료는 유기 분자다. 그리고 가장 고약한 악취 역시 유기 분자다. 유기화학은 화학 전공자들 사이에서 어떤 이에게는 황홀경을, 어떤 이에게는 공포감을 주는 알파벳 두 글자 **OC**로 축약된다. 현장실습을 뜻하는 이 OC에서는 암기해야 할 것이 아주 많다.

한번은 유기화학구조의 공식을 암기하느라 열심히 끄적이고 있는데, 룸메이트가 말했다. "그 모든 것이 어떤 모양인지 알다니, 정말 대단해." 그가 대단하다고 여긴 것은, 내가 그 모든 것을 암기할 수 있다는 사실이었다. 그러나 정말로 대단한 일은, 한 번도 눈으로 본 적이 없는 화학구조의 생김새를 우리가 안다는 사실 아닐까? 그것이 화학의 매력이다.

그러나 화학 이론 외에 화학 전공의 약 절반은 실험실 수업으로 이루어져 있다. 이런 실험실 수업을 화학자들은 **실습**이라고 말하는데, 비화학자들과의 대화에서 때때로 오해를 불러일으키기도 한다. OC 실습은 그 자체로 회의감을 주고, 화학 전공자들에게 전공 선택뿐 아니라 삶의 의미에서도 회의감을 느끼게 한다. 그런 한편, 끝내주게 흥미진진한 것도 사실이다.

유기화학에서는 화학자들이 '요리'라고 말하는 **합성**을 다루는데, 말하자면 새로운 분자를 '직접(from scratch)' 생산한다. 눈으로 볼 수 없고, 세계 최고 현미경으로도 볼 수 없는 분자를 자기 손으로 직접 요리하는 기분이라니. 마법사가 된 것 같기도 하다.

그러나 OC 실습은 매우 힘들다. 게다가 아주 독특한 냄새를 동반한다. 화학자들은 처음 방문한 대학 건물일지라도 오직 냄새로만 OC 실습실을 찾아낼 수 있다. 분명 좋은 냄새는 아니다. OC 실습 후에 만원 버스를 타고 집으로 갈 때면, 나는 늘 너무나 창피했다. 그에 비하면 매력남의 땀 냄새는 악취 축에도 못 낀다.

땀 분자 TMHA 역시 유기 분자이고, 우리 모두 잘 알듯이 인간이 배출하는 악취 분자가 그것만은 아니다. 몇 개만 적어볼까?

'이런 걸 알아서 뭐 해!'라고 생각하며 책을 덮기 전에, 부디 우리가 이 모든 것을 어떻게 알아냈는지 잠깐만 생각해보라.

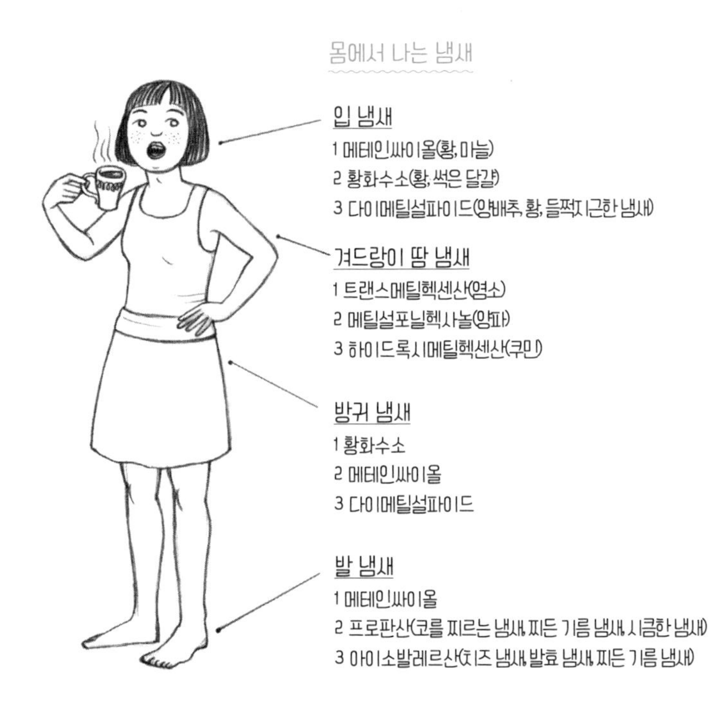

설마 방귀의 화학구조를 우리 과학자들이 그저 '이론'으로 유추했다고 생각하는가? 그럴 리가! 당연히 실험 과정을 거쳤다.

지독한 냄새도 막을 수 없는 호기심

당신에게 꼭 소개하고 싶은 아주 흥미진진한 실험이 있다. 1998년 미니애폴리스의 과학자들이 악취 물질을 밝혀내기 위해 남녀 16명의 방귀를 조사했다. 실험 참가자들은 어떤 관에 엉덩이를 대고 방귀를 뀌는 것 말고는 할 일이 별로 없었다. 그러나 과학 연구는 당연히 어떤 것도 우연에 맡기지 않는다. 과학자들은 참가자들에게 실험 전날 저녁과 당일 아침에 식사를 제공하면서 각각 콩 200그램과 락툴로오스 15그램을 보충했다. 락툴로오스는 프리바이오틱스 효과를 내는 당류로 장 박테리아에 의해 분해될 때 가스를 생산한다.

이제 실험 분석이 진짜 흥미진진하다. 기체 크로마토그래피(Gas Chromatography, GC) 같은 보편적인 방법 이외에 '냄새 심사위원' 둘을 투입하여 참가자들의 방귀 냄새가 실제로 얼마나 고약한지 평가하게 했다.

왜 단 2명일까? 아무리 학문을 위해서라지만 방귀 냄새를 맡겠다고 나서는 사람을 찾기가 어디 쉬웠겠는가. 게다가 과학적으로 최대한 정확한 심사를 하려면, 당연히 특별히 예민한 코가 필요했을 것이다. 그 냄새 심사위원들은 앞선 후각 테스트에서 예민한 코로 인정받았고, 악취를 양적으로(냄새가 얼마나 강한가?) 또한 질적으로(냄새들이 어떻게 다른가?) 잘 심사할 수 있음을 증명해 보였다. 그들은 다양한 냄새표본에 0(무취)에서 8(고약함)까지 점수를 매겨야 했다. 또한 개별 기체의 냄새를 정확하게 묘사해야 했다. 황, 썩은, 들쩍지근한 등으로 표현해야 하며, 막연하게 '역겨운' 같은 묘사를 해서는 당연히 안 됐다.

방귀 성분은 수소 · 질소 · 이산화탄소 같은 무취 기체가 대부분이다. 그런데 연구자들이 발견한 바에 따르면 악취가 나는 가스 중에서 황화수소(썩은 달걀 냄새가 난다)가 가장 많은 부분을 차지했고, 메테인싸이올(상한 채소 냄새가 난다)과 다이메틸설파이드(단내이긴 하지만 매우 불쾌하게 들쩍지근한 냄새가 난다)가 그다음으로 많았다.

이런 지식으로 뭘 할까? 하기야 모든 연구가 반드시 실용적인 목적에 공헌하는 건 아니고, '내게 남는 건 뭐지?'에 대답할 수 있는 것도 아니다. 그렇더라도 연구는 그 자체로서 정당성이 있다. 과학의 최우선 핵심은 세계를 더 잘 이해하는 것이고, 어차피 방귀도 세계에 속한다. 이 연구는 실제로 한 발 더 나갔고, 이제 정말로 흥미로운 부분에 도착했다.

또 다른 실험에서 연구자들은 참가자에게 통기성 없는 소재의 바지를 입히고, 공기가 통하지 못하게 허벅지와 허리 부위를 덕트 테이프로 단단히 막았다. 바지에서 기체가 새어 나오지 않는지 확인하기 위해 참가자들은 때운 자전거 타이어를 확인할 때처럼 잠깐 물에 들어갔다. 그런 식으로 기체가 전혀 새어 나오지 않는다는 걸 확인한 다음에는, 참가자들의 몸에 호스를 연결했다. 분석할 기체를 소실 없이 바지에서 밖으로 빼내기 위한 장치였다. 그리고 황 함유 분자를 흡착할 수 있는 활성탄을 표면에 코팅한 쿠션을 바지 안에 부착했다. 그러니까 안티-방귀 쿠션이다.

그렇게 연구자들은 그런 활성탄 장치가 얼마나 많은 악취 분자를 바지에서 흡착하고 어느 정도까지 악취를 완화할 수 있는지 시험했다. 심지어 플라세보 쿠션도 있었다. 이 쿠션에는 공기가 통하지 않는 플라스틱층에 활성탄이 코팅됐다. 이에 따라 실험적 정확성이 갖춰졌다.

어떻게 됐을까? 활성탄 쿠션이 달린 바지에서 악취가 덜 났다. 안티-방귀 쿠션이 황 기체의 90퍼센트를 흡착한 것

이다. 그러나 빼놓을 수 없는 것이 있는데, 쿠션의 크기가 43.5×38×2.5센티미터였다는 사실이다. 말하자면 아주 커다란 베개다! 바지에 부착할 쿠션이 이렇게 거대할 수밖에 없다면, 그런 제품이 아직 시장에 나오지 않는 것도 당연하다고 하겠다. 하지만 연구란 원래 그런 것이다. 유망한 연구 결과와 실제 유용성 사이의 간격은 종종 온 세상이 들어갈 정도로 아주 넓다.

냄새 따위에 질까 보냐

다행히도, '세상에서 가장 악취가 심한 분자'는 자연에 등장하지 않는다. 이 작은 분자는 '싸이오아세톤'이라는 이름을 가졌고, 생김새도 전혀 해롭지 않을 것처럼 보인다.

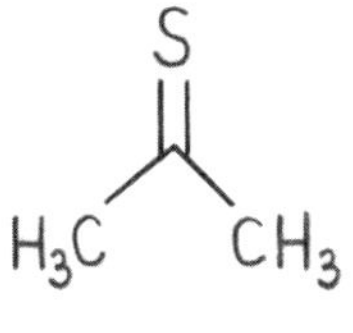

S
H_3C CH_3

싸이오아세톤

그러나 이런 형식의 싸이오아세톤을 얻기는 쉽지 않다. 그 대신 원칙적으로 싸이오아세톤 분자 3개가 환형 구조로 서로 연결된, 이른바 삼량체를 만들어낼 수 있다. 이 삼량체를 가열하면, 세 분자가 분리되어 싸이오아세톤을 얻을 수 있다.

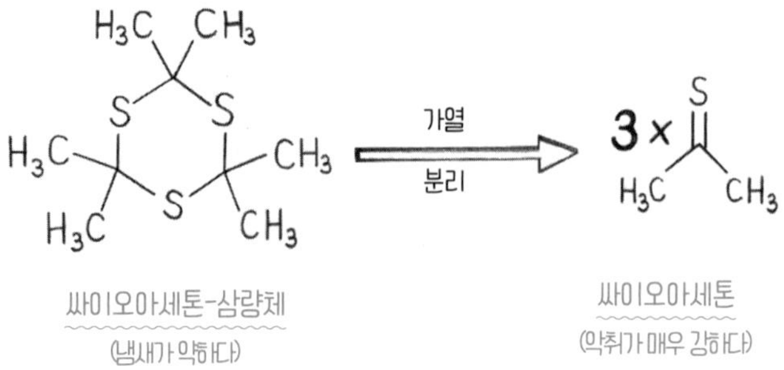

가열
분리
$3 \times$

싸이오아세톤-삼량체
(냄새가 약하다)

싸이오아세톤
(악취가 매우 강하다)

하지만 사람들이 싸이오아세톤을 원할까? 독일 프라이부르크의 화학자들이 최초로 이 실험을 시도했다. 그들은 1889년에 행한 실험을 다음과 같이 묘사했다.

> "방금 준비된 반응물을 일단 〔…〕 식힌 상태에서 주의 깊게 증기로 증발시키자, 그 냄새가 단시간에 약 700미터 떨어진 곳까지 퍼져나갔다. 실험실에 인접한 지역 주민들이 불평했다. 어떤 사람들은 냄새 때문에 기절하거나 메스꺼움과 구토를 겪었다고 한다."

이것이야말로 진정한 과학자의 면모가 아닐까? 가장 고약한 악취조차도 그들의 호기심을 막지 못했다. 그 화학자들은 악취 분자에서 아무런 실용성도 기대하지 않았다. 그것은 그저 분리가 극도로 어려운 분자였을 뿐이다. 그리고 그거면 시도해볼 근거로 충분했다! 과학은 가능성의 한계를 발견하는 데 의미가 있다.

프라이부르크의 화학자들은 화학자 중에서 유기화학자가 가장 미친 사람임을 입증하는 과거의 한 증거다. 적어도 나는 그렇게 생각한다. 유기화학자는 또한 가장 힘들게 일하는 사람이다. 나중에 고분자화학자로 변신했지만, 유기화학자였던 아빠는 집에서도 유기화학자였다. 아빠는 박사학위 논문에서 다행히 냄새가 좋은 물질들을 다뤘다. 특히 갓 구운 빵 냄새도 포함됐다. 엄마가 즐겨 설명하듯이, 저녁에 퇴근해 집에 들어서는 아빠한테선 늘 갓 구운 빵 냄새가 났었다.

남편 역시 유기화학자이지만, 그가 박사학위 논문을 쓰는 동안 나는 전혀 즐겁지 않았다. 마티아스의 책상은 실험실에 있었고, 공간적으로 분리된 연구실이 따로 없었다. 나 역시 유기화학자였지만, 박사학위를 준비할 때 의식적으로 최대한 독성이 없는 연구 분야를 선택했다. 반면 마티아스는 밤낮으로 독성 물질을 끓이고, 그것들의 고유한 증기 속에 다른 유기화학자 5명과 함께 매일 실험실에 앉아 있었다. 아무리 실험실에 크고 효율적인 환풍기가 있고 훌륭한 실험실 기술이 화학물질과의 접촉을 최소화한다 하더라도, 어느 정도는 화학물질에 노출될 수밖에 없다. 우리 집에는 마티아스의 실험복만을 위한 특별 빨래통이 있었다. 그는 퇴근 후 가장 먼저 실험실에서 입었던 옷을 벗고 곧장 샤워실로 가야 했다. 나는 그가 샤워를 마치고 나올 때까지 절대 그를 만지지 않았다.

마티아스는 거의 매일 OC 냄새와 함께 집에 왔다. 집에서 내가 그 냄새를 맡을 정도면, 도대체 마티아스는 온종일 무슨 냄새를 얼마나 들이마셨단 말인가? 그 모든 것이 나를 너무나 화나게 했다. 나는 그의 지도교수에게 화가 났고, 유기화학 연구소 전체에 화가 났고, 대학 전체에 화가 났다. 독일 같은 나라에서 화학박사 지망생에게 아직도 실험실과 분리된 연구공간을 제공하지 않는 대학이 있다는 게 말이 된단 말인가?

악취는 고마운 존재다

자연에서 악취는 도망치라는 경고다. 그래서 우리는 예를 들어 인간의 배설물을 아주 더럽다고 느낀다. 배설물의 병원체가 우리 몸으로 들어올 수 있기 때문에, 최대한 멀리 떨어져 있게 하려는 자연의 배려다. 그러나 악취가 난다고 무조건 해로운 것은 아니고, 해로운 것이 모두 악취가 나는 것도 아니다. 그랬더라면 아주 편했겠지만, 유해 물질이 항상 확연히 구별되는 건 아니다.

대학에서 화학 강의를 듣기 시작했을 때, 나는 산을 대단히 존경했다. 대학에서 하는 첫 번째 실험이 염산을 이용하는 **산-염기 적정**(Acid-base Titration)이다. 우리는 모두 염산에 다칠까 봐 잔뜩 겁을 먹었다. 그러나 금세 익숙해졌고, 시간이 지남에 따라 실험실이 점점 더 안전하게 느껴지면서 손놀림도 더 노련해졌다. 언젠가부터는 염산이 고맙기까지 했다. 혹시라도 그것이 피부에 닿으면 적어도 즉시 알아차릴 수 있고 그에 합당한 처치를 할 수 있기 때문이다. 가장 나쁜 화학물질이 뭔지 아는가? 아무 티도 내지 않고 있다가 몇 년 뒤에 암을 유발하는 물질들이다!

첫 학기 유기화학 실습 중에서 가장 인상적인 실험은 크리스털바이올렛이라는 색소의 합성이었다. 이 실습은 신입생들에게 조심성을 가르쳤다. 크리스털바이올렛은 아주 예쁜데, 이 색소의 최종 형태는 바늘처럼 뾰족뾰족하고 금속처럼 반짝이는 황갈색 광물이다. 크리스털바이올렛이라는 이름에서 드러나듯이, 이 광물을 물이나 다른 극성 용매에 녹이면, 아주 소량으로도 강렬한 청보라색을 얻을 수 있다.

이 실험의 진짜 학습 효과는 색소의 합성이 아니라, 실험 뒤에 실험도구를 씻는 데 있었다. 실험도구를 물에 담가 씻고 문지를수록 모든 것이 점점 더 보라색이 됐다. 마침내 우리는 어떤 물질이 얼마나 강하게 실험복에 번질 수 있는지를 배웠다. 이 실험은 첫 학기 과정에 속했고 우리의 실험 기술은 아직 미숙했으므로, 이런 보라색 전쟁은 아주 처절했다.

몇 주 뒤에도 실험복 여기저기에서 보라색 흔적이 문득 눈에 띄었다. 나중에 무색의 독성 물질을 다룰 때마다 나는 크리스털바이올렛에게 감사한 마음이 들었다.

우리 몸은 움직이는 박테리아 생태계다

나는 실험실이 살짝 그립다. 크리스티네의 실험실에 가면 나는 종종 향수에 젖곤 한다. 그러면 크리스티네는 너무 낭만적으로 굴지 말라고 흥분해서 말한다.

나는 지금 샌들을 신고 햇빛 아래 산책을 할 수 있고, 실험실에서 일하지 않아 너무나 기쁘다. 학부 시절에는 방학을 거의 누리지 못했는데, 강의가 없는 기간에는 대부분 실험실 실습을 해야 했기 때문이다. 그리고 박사학위 과정 때는 어차피 여유 시간이 거의 없었다. 그러니까 나는 9년 동안 거의 매년 여름을, 앞이 막힌 신발에 긴 바지와 가운을 입고 실험실에서 보냈다. 때때로 너무 더워서 땀이 보호 안경을 가리기도 했다. 그것만큼은 확실히 그립지 않다.

인간은 원래 더운 날씨에 맞게 창조됐다. 우리가 땀을 아주 잘 흘린다는 것이 그 증거다. 악취 분자를 제외하면 땀은 대부분 물이고, 이 물은 증발한다. 물의 이런 변화는 저절로 생기지 않는다. 액체 상태에서 서로 부둥켜안고 있는 물 분자들이 제각각 떨어져야 한다. 그러려면 예를 들어 가열 방식으로 에너지를 투입해야 한다. 땀은 증발을 위한 에너지를 우리 몸에서 가져다 쓴다. 다시 말해, 땀은 증발을 위한 에너지를 얻기 위해 우리 몸에서 열을 빼앗는다. 그래서 땀이 증발할 때 우리는 시원함을 느낀다.

그런 면에서 보면 땀 억제제를 사용하는 건 정말로 멍청한 짓이다. 오해하지 마시길. 나는 데오도란트, 그러니까 땀 냄새 억제제를 반대하는 게 아니다. 누군가가 트랜스-3-메틸-2-헥센산을 제어하지 않았기 때문에 내가 버스에서 몇 정거장 일찍 내려야 하는 상황을 절대 원치 않는다. 데오도란트와 땀 억제제는 완전히 다르다.

데오도란트는 오로지 악취만 막는다. 데오도란트에는 가령 알코올 같은 항박테리아 물질이 들어 있다. 땀 자체에서는 악취가 전혀 안 난다. 악취를 풍기는 트랜스-3-메틸-2-헥센산과 그 일당은 박테리아의 대사산물일 뿐이다.

다시 지긋지긋한 박테리아 얘기로 돌아왔다! 어찌 보면 인간은 움직이는 박테리아 생태계라고 할 수 있다. 이 작은 단세포생물은 예를 들어 우리의 겨드랑이에 몰래 자리를 잡고 아주 노련하게 지구를 지배한다. 무취의 땀이 땀구멍을 통해 밖으로 나오면, 거기서 박테리아가 재빨리 땀을 먹고 끄어어억 트림을 하여 다양한 악취 분자를 배출한다. 항박테리아 물질은 이런 박테리아들을 억제한다. 그러므로 데오도란트는 약간의 향수와 힘을 합쳐 버스 승객 모두를 편안하게 해준다.

반면 땀 억제제에는 추가로 알루미늄염이 들어 있는데, 이것은 겨드랑이에 단백질을 **침전**시킨다. 이 말은 알루미늄염이 작은 미니 프로판을 형성해 땀구멍을 막음으로써 땀이 밖으로 나오지 못하게 한다는 뜻이다. 그다지 우아한 해결책은 아닌 것 같다. 막힌 땀구멍을 한번 상상해보라. 갑갑하고 불편하지 않은가?

게다가 오늘날 알루미늄염은 유방암과 알츠하이머를 유발한다는 의심의 눈초리를 받고 있다. 지금까지 그저 추측에 불과하고 합당한 과학적 증거도 없지만, 나는 유방암이나 알츠하이머와 상관없이 막힌 땀구멍은 좀 거슬린다.

그럼에도 나는 종종 땀 억제제를 사용한다. 겨드랑이에 땀 얼룩이 드러나면 솔직히 창피하기 때문이다. 이 지점에서 전 인류에게 묻고 싶다. 우리는 왜 땀 얼룩을 사회적으로 허용하지 못할까?

나는 헥헥거리는 개를 데리고 산책한다. 이 불쌍한 동물은 땀구멍이 없다. 문득 캥거루가 생각난다. 캥거루는 털을 핥음으로써 호주 사막의 한낮 열기를 견딘다. 침이 증발하면서 열을 식혀주는 것이다. 우리가 자발적으로 땀구멍을 막는다는 걸 안다면, 아마 개와 캥거루는 우리를 비웃을 것이다. 혀를 길게 빼물고 헥헥거릴 필요도 없고, 혀가 닳도록 털을 핥을 필요도 없게 해주는 장치를 내팽개치다니 하면서 말이다.

나의 물리학자 친구 한네스는 여름에 땀이 잘 증발하도록 언제나 기능성 옷을 입는다. 언뜻 그럴듯하게 들리지만, 그것은 문제를 순전히 물리학적으로 봤기 때문에 생긴 아주 이기적인 조처다. 폴리에스테르 섬유는 겨드랑이 박테리아와 가장 가까운 친척인 마이크로코커스 박테리아의 증식을 돕기 때문이다. 그래서 우리 운동복에서 항상 그렇게 끔찍한 악취가 나는 것이다.

사실 코에 사용할 데오도란트를 개발하는 것이 더 합당할 것이다. 땀 냄새를 참을 수가 없어서 두 정거장 일찍 버스에서 내릴 정도라면, 그것은 사실 악취를 풍기는 남자가 아니라 내 문제다. 그러므로 나쁜 냄새를 편안한 냄새로 바꿔주는 뭔가를 내 코에 뿌려야 한다. 그러면 여름에 모두가 시원하게 땀을 흘리고, 아무도 냄새 때문에 고생하지 않으리라.

이런 기술은 이론적으로 완전히 가능하다. 방향 스프레이에 **사이클로덱스트린**을 첨가하면 된다. 이것은 철창처럼 생긴 분자로, 나쁜 냄새를 글자 그대로 철창 안에 가둬둘 수 있다. 다만, 좋은 냄새까지 모조리 체포한다는 게 문제다. 그러면 정말 곤란해질 것이다. 무엇보다 음식을 먹을 때 후각은 필수다. 맛은 혀의 미뢰가 전달하는 미각에서만 오지 않는다. 코로 올

라와 스쳐 지나가는 냄새 분자들에서도 온다. 코를 막고 먹으면 사과와 양파는 놀랍도록 맛이 비슷하다.

음식 얘기가 나와서 말인데, 오늘 저녁에 크리스티네와 공룡을 초대했지만 후식을 만들 초콜릿이 집에 없네. 마트에 들러야겠다.

물에는 뭔가 특별한 것이 있다

마트의 상술에 빠지지 않도록 성분표 읽기

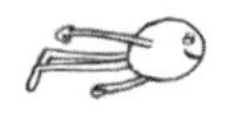

'화학자'라는 단어를 들으면 무엇이 떠오르는가?
나는 제일 먼저 아빠가 떠오른다. 마트에서 제품을 손에 들고 성분표를 찬찬히 읽는 모습. 아빠는 그렇게 서서 시간 가는 줄 모른다. 아빠는 마트 중독자다. 나는 어렸을 때 그런 아빠를 볼 때마다 '세상을 책처럼 읽을 수 있다니 정말 멋진 일이야' 라고 생각했다.

아빠만큼 심하지는 않지만, 나 역시 마트에 가면 눈을 크게 뜨고 잘못 알려진 화학 상식을 야비하게 악용하는 마케팅 사기를 수색한다. 제일 먼저 음료 코너로 간다. '스마트 워터'라고 적힌 진열대가 눈에 들어온다. 미국에서 살 때 이미 나를 화나게 했던, 코카콜라의 미네랄워터 브랜드다. 이른바 '라이프스타일 물'이 이제 독일 마트에도 들어왔다.

스마트 워터는 일반 미네랄워터가 아니라 증류수다. 순수한 H_2O에 미네랄을 첨가한 물이다. 생산비용이 쓸데없이 높을 뿐, 결과적으로 여기 마트에 있는 여느 미네랄워터나 수돗물과 별반 다르지 않다. 스팀다리미의 증기나 다름없는 증류수를 그렇게 매력적으로 판매하다니, 스마트 워터의 마케팅 기술만큼은 인정할 수밖에 없다. "구름에서 영감을 얻다!" 구름을 마신다니, 끝내주지 않는가?

스마트한 마케팅의 속임수, 스마트 워터

틀린 말은 아니다. 증류수는 실제로 구름의 원리를 따른다. 먼저 물이 증발하여 수증기가 되고, 시원한 곳에 이르면 수증기가 다시 물이 된다. 그러나 스마트 워터의 시원한 장소는 하늘이 아니다. 현실에서는 낭만적인 구름과 무관하게, 냉각기에서 응결 과정이 신속하게 진행되므로 증발하자마자 벌써 물이 용기 속으로 흘러 들어간다.

용기 속에 모인 이 물은 아주 순수하다. 모든 오염물질을 버리고 증발한 뒤 다른 곳에서 순수한 H_2O로 응결한 물이다. 언뜻 그럴싸하게 들린다. 가장 순수한 물을 싫어할 사람이 어디 있겠는가!

그러나 수돗물도 마실 수 있게 처리되고 정화된다. 게다가 증류수는 증발 과정에서 아주 중요한 물질도 함께 버린다. 바로 미네랄, 이른바 염분이다. 마실 수 있는 미네랄워터로 바꾸려면 증류수에 다시 염분을 첨가해야 한다. 염분 없이 순수 증류수를 그냥 마시면, 맛이 없다. 간혹 치명적이라고 주장하는 사람들도 있는데 그렇지는 않다. 맛이 없을 뿐이다.

하지만 이 얼마나 번거로운 과정인가! 비싼 생산공정 덕에 마지막에 어떤 미네랄이 물에 첨가되는지 정확히 통제할 수 있다고 주장하는 사람도 있을 것이다. 맞는 말이긴 하나, 건강한 성인에게 그게 왜 그리 중요한지 모르겠다. 우리는 어차피 미네랄 대부분을 음식을 통해 섭취한다.

그러므로 스마트 워터는 무엇보다 쓸데없는 자원 낭비이거나 아주 스마트한 마케팅이다. 설상가상으로 코카콜라는 이른바 샘물 또는 약수를 사용한다. 샘물은 미네랄이 풍부하고 조약돌층이 깨끗하게 거른 물이지만, 역시 '구름의 물'은 아니다. 그런데도 이 멍청한 짓이 '유니크 셀링 포인트(Unique Selling Point)'로 선전된다.

물의 창의성은 끝이 없어 보인다. 인터넷에서 '달 물'도 살 수 있다. '보름에 담은 물'이라는 의미다. 이런 물은 포도주와 맞먹게 비싸지만, 그 대신 소중한 달 에너지를 얻는다고 선전된다. 당연히 '태양 물'도 있다. '태양 아래에서 담은 물'이다. 이 물은 따뜻하고 환한 생체에너지를 준단다. 물에 넣는 보석도 있다.

질 좋은 물을 마시려는 소망은 신비주의에서 멈추지 않는다. 집에 있는 보통 수돗물을 마트에서 파는 물로 만들어주는 정수기가 얼마나 많이 팔리는지 보라. 하지만 독일의 수돗물은 마트의 미네랄워터보다 더 까다로운 품질 기준을 통과한다. 품질평가재단이 인정하듯이, 음료수 코너의 비싼 물이 수돗물보다 질이 낮을 수 있다. 입에 특별히 맞아서 별도로 애용하는 브랜드가 있기 때문에 사 먹는 거라면, 계속 그렇게 호사를 누려도 된다. 하지만 고유한 입맛을 제외하면, 독일에서는 수돗물을 거부할 이유가 없다.

마법의 분자, 물

물의 진짜 매력을 모른 채 물에 대한 생각을 그렇게 많이 하다니, 매번 신기하다. 물이 마법의 분자로 활동하는 데에는 보름달도 보석도 필요 없다. 나는 이 자리에서 잠시 숨을 고르며, 우리에게 많은 은혜를 베푸는 이 기발한 분자와 인사를 나누고자 한다.

물 분자의 결합은 극성 공유결합이다. 산소 원자에는 음(-)의 부분전하가 있고, 수소 원자에는 양(+)의 부분전하가 있다. 또한 물 분자는 꺾여 있다. 그래서 음극과 양극이 있는 **쌍극자**가 생긴다.

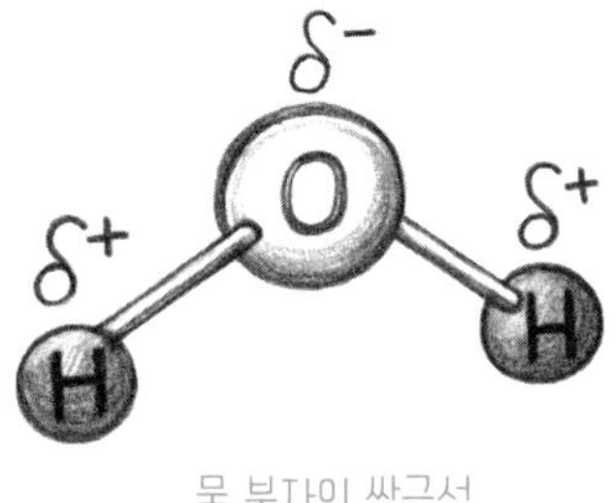

물 분자의 쌍극성

음전하와 양전하가 서로 끌어당기기 때문에 물에는 아주 중요한 특징이 있다. 분자 내부에서 원자들의 화학적 결합뿐만 아니라 여러 물 분자 사이에 상대적으로 강한 상호작용도 생긴다. 양과 음의 부분전하들 사이에 서로 끌어당기는 힘은 이온결합만큼 강하진 않지만, '결합'이라 불릴 만큼은 된다. 이것을 이른바 **수소다리결합**이라고 한다. 줄여서 그냥 **수소결합**이라고 해도 된다.

물 분자에만 수소결합이 있는 건 아니다. 수소가 음성의 파트너와 공유결합을 할 때면 언제나 생길 수 있다. 그러나 특히 물에서의 수소결합을 상세히 살필 필요가 있다.

수소결합이 없으면 인간도 없을 것이다. 아니, 지구에 생명체가 없을 것이다. 수소결합이 없으면 지구의 기압과 기온에서 물은 액체가 아니라 기체일 테니 말이다. 물과 비슷한 크기지만 수소결합을 하지 못하는 분자, 예를 들어 메탄(CH_4)이나 이산화탄소(CO_2)에서 그것을 확인할 수 있다. 둘 다 지구에서는 오로지 기체다. 대기압에서 물은 100℃에 이르러 끓어야 기체가 된다. 수소결합 덕분에 물 분자들이 서로를 붙잡고 있으니 이 얼마나 고마운 일인가.

물고기도 수소결합에 고마워해야 한다. 그 덕분에 추운 겨울에도 연못과 호수가 바닥까지 얼지 않는다. 그 까닭은 밀도와 관련이 있다. 모두가 아는 것처럼, 얼음은 물에 뜬다. 우리는 음료수에 떠 있는 얼음을 늘 보면서도, 감탄해야 마땅한 이

신기한 장면을 그냥 지나친다.

1장에서 봤던 입자 모형을 다시 한번 떠올려보자. 고체, 액체, 기체의 응집 상태는 입자의 밀도에 좌우된다. 고체 상태에서는 입자가 특히 조밀하게 모여 있고, 액체 상태에서는 입자의 활동 공간이 약간 더 넓어 밀도가 낮고, 기체 상태에서는 밀도가 가장 낮다. 그러므로 압력이나 온도를 바꿔 응집 상태를 바꿀 수 있다. 압력을 높이면 입자들이 더 바짝 붙어 밀도가 높아진다. 그렇게 압력을 조절함으로써 기체를 액체로, 그리고 끝내는 고체로 만들 수 있다. 온도를 낮추면, 입자의 활동이 줄고 입자가 차지하는 공간이 줄어, 압력을 높였을 때와 똑같아진다. 그렇게 수증기를 냉각하여 물을 만들고 끝내는 얼음을 만든다.

고체인 얼음이 액체인 물보다 가벼운 이유

하지만, 잠깐! 얼음(고체 H_2O)이 물(액체 H_2O)에 뜬다는 것은, 얼음의 밀도가 물보다 낮다는 뜻이다. 이런 얘기는 처음 들어보지 않는가? 어떻게 액체가 고체보다 밀도가 더 높을 수 있지? 당신은 이미 답을 알고 있다. 바로 수소결합 때문이다. 이런 기이한 일을 **물의 밀도 이상**이라고 한다. 물을 냉각하면, 처음에는 아주 정상적으로 진행된다. 즉, 기온이 떨어질수록 밀도가 올라간다. 입자의 활동이 점점 느려지고 수소결합이 점점 더 확산하여 입자들이 더 가까이 밀착한다. 그러나 물은 4℃에서 최대 밀도에 도달한다. 그 뒤로 기이한 일이 벌어진다. 계속해서 0℃까지 냉각하면 밀도가 다시 낮아진다. 다시 말해 물 분자들이 다시 멀찍이 떨어진다.

왜 그럴까? 물 분자가 이제야 비로소 자신을 추스르는 데 필요한 시간과 여유를 얻어 입자의 활동이 느려지기 때문이다. 물 분자들이 대칭으로 배열하여 얼음 결정체를 형성한다. 이렇게 배열된 구조를 눈송이나 얼음 결정에서 볼 수 있다. 그저 맨눈으로도!

눈송이의 대칭 무늬는 내부 원자가 대칭으로 배열된 결과일 뿐이다. 얼음 결정에서 산소 원자는 수소 원자 4개에 둘러싸여 있다. 그중 둘이 공유결합이고 나머지 둘은 수소결합이다. 이런 결정구조에는 상대적으로 커다란 공간이 있고, 그래서 밀도가 낮다.

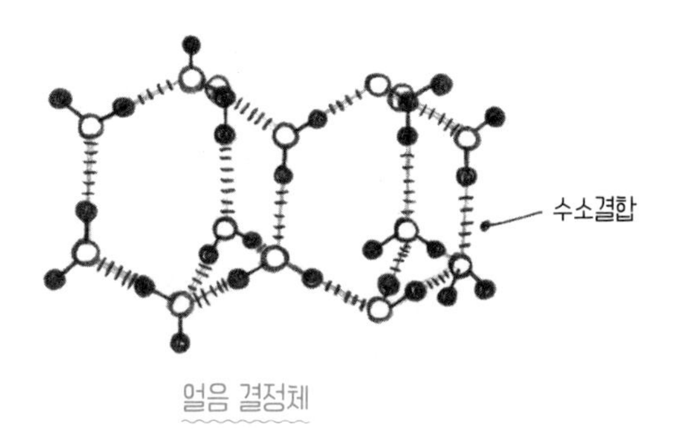

얼음 결정체

그렇다면 호수의 물고기에게 이것이 왜 그리 중요할까?

겨울에 물이 차가워지면, 차가울수록 밀도가 높아지기 때문에(즉 '더 무거워지기' 때문에) 물은 바닥으로 가라앉는다. 물은 4℃에서 밀도가 가장 높으므로, 호수 바닥의 수온은 4℃이고 위로 갈수록 점차 차가워진다. 그러다가 호수 표면부터 얼기 시작해 점차 아래로 얼어간다. 물의 '밀도 이상'이 없었더라면 얼음이 물보다 무거울 테니, 호수는 바닥에서부터 얼기 시작해서 점차 위로 퍼질 것이다. 얼음이 아래부터 얼고 여기에 차가운 겨울 공기가 더해지면, 호수는 훨씬 빨리 통째로 얼어붙을 것이다. 그러나 밀도 이상 덕분에 호수는 위에서부터 얼기 시작하고, 얼음층이 단열재 역할을 해서 호수의 물고기들이 겨울에도 물에서 헤엄칠 수 있다. 그리고 숨도 쉴 수 있다.

인간도 물의 밀도 이상에 고마워해야 한다. 밀도 이상이 없으면 스케이트를 아주 느리게 탈 수밖에 없다. 곰곰이 생각해보면 스케이트를 타는 건 정말로 신기한 일이다. 도대체 왜 얼음에서만 스케이트를 탈 수 있을까? 어째서 다른 고체, 가령 아스팔트에서는 스케이트를 탈 수 없을까?

얼음에서 스케이트를 탈 때, 우리는 사실 얼음에 전혀 닿지 않는다! 스케이트 날이 얼음에 압력을 가하면 그 순간 얇은 수막이 형성되는데, 우리는 그 위에 떠서 스케이트를 탄다. 다른 물질의 경우 응집 상태를 고체에서 액체로 바꾸려면 압력을 낮춰야 한다. 그러나 물의 밀도 이상 덕분에 높아진 압력이 입자들을 더 바짝 밀착시키고, 입자들은 더 가까이 붙기 위해 얼기설기 구성된 얼음 결정체를 포기하고 액체층을 만든다. 그래서 우리는 그 위에서 어렵지 않게 미끄러질 수 있다.

단, 개미는 스케이트를 탈 수 없다. 너무 가벼워서 수막을 형성할 만큼 충분한 압력을 얼음에 가하지 못하기 때문이다.

그 대신, 어떤 곤충들은 물 위를 걸을 수 있다. 독일에서는 이 능력을 인정하여 소금쟁이를 '물 위를 달리는 자'라고 부른다. 이런 능력 역시 수소결합 덕분이다. 물 분자들이 서로 붙잡고 있기 때문에 물은 **표면장력**이 상대적으로 높다. 3장에서 비누 거품을 다룰 때 이미 한 번 언급했던 얘기다. 통나무를 서로 묶어 만든 뗏목을 상상하면 이해하기 쉬울 것이다. 개별 물 분자가 그냥 혼자 돌아다닌다면, 소금쟁이는 물에 가라앉을 것이다. 그러나 분자가 수소결합으로 서로 '꼭 붙잡고' 있기 때문에(뗏목처럼), 미세한 그물이 형성되어 소금쟁이를 지탱할 수 있다.

클립만 있으면 집에서도 간단히 확인해볼 수 있다. 클립을 아주 조심스럽게 수면에 놓으면, 뜬다. 비록 클립이 금속이고 물보다 밀도가 높더라도(즉 '더 무겁더라도') 그렇다. 밀도로 보면 클립은 원래 물에 뜨면 안 되지만, 물의 표면장력이 클립을 지탱한다. 이 장력을 낮추면, 즉 주방 세제 한 방울을 물에 떨어뜨리면 '뗏목이 느슨하게 풀리고' 클립은 즉시 가라앉는다.

산소수는 정말 몸에 더 이로울까?

무엇보다 물은 중요한 **용해제**다. 소금과 영양소처럼 생명에 필수적인 물질은 다 물에 녹는다. 또한 우리 몸 대부분이 물이고 체내의 모든 신진대사가 수용액에서 일어난다. 신장은 찌꺼기를 걸러 물의 도움을 받아 소변 형식으로 배출한다. 물은 수송수단이나 용해제로 사용될 뿐 아니라, 능동적 화학반응물로서 다른 물질에 결합하거나 다른 물질로 변하기도 한다. 한 예로 땀이 되어 열을 식히는 기능은 9장에서 이미 다뤘다.

그러나 이런 특징만으로는 인간을 매혹하기에 충분치 않은가 보다. 나는 스마트 워터 근처에서 '산소수' 진열대를 발견했다. 산소를 첨가한 미네랄워터란다. 운동을 즐기는 사람에게 특별히 권한다고 적혀 있다. 언뜻 그럴싸하게 들린다. 혈중 산소 함유량이 스포츠 실력에 대단히 중요한 역할을 하기 때문이다. 흔히 '에포'라고 부르는 에리스로포이에틴이 지구력 스포츠에서 가장 인기 있는 도핑 물질인 이유도, 이 물질이 적혈구 수를 높이기 때문이다. 적혈구가 많을수록 더 많은 산소가 혈류를 타고 근육에 운송될 수 있다.

그렇다면 산소수가 일종의 합법적 도핑일 수 있을까?

다행히 그렇진 않다. 산소를 그냥 흡입하더라도 섭취량을 최대 5~10퍼센트 정도만 높일 수 있는데, 혈액이 그 이상의 산소를 수용할 수 없기 때문이다(물론 에포를 복용할 때를 제외하고). 아무튼 순수 산소를 들이마셔선 안 된다. 아무리 늦어도 한두 시간이면 아주 위험해지기 때문이다. 산소에는 폐를 공격할 수 있는, 작지만 위험한 활성산소 입자가 들어 있다.

그렇다면 순수 산소가 아니라 용해된 산소를 마시는 건 어떨까?

이 질문으로 우리는 두 번째 문제에 도달한다. 산소는 물에 잘 녹지 않는다. 기체가 물에 얼마나 잘 녹느냐는 무엇보다 압력이 좌우한다. 높은 압력에서 기체는 물에 더 잘 녹는다. 그래서 탄산수 역시 최대한 많은 이산화탄소를 물에 녹이기 위해 압력을 가한 상태에서 채워진다. 탄산수병을 처음 열 때 그것을 감지할 수 있다. 압력이 갑자기 떨어지면서 이산화탄소 기체가 갑자기 한꺼번에 빠져나온다. 물에 녹은 산소에서도 똑같은 일이 일어난다. 다만 산소는 이산화탄소보다 물에 잘 안 녹는다. 그래서 산소수 1리터로 마시는 산소량은 신선한 공기를 한 번 들이마실 때 얻는 산소량과 같다.

더욱이 우리의 소화계는 가스 대사에 서툴다. 그러니 산소 공급은 폐를 이용하는 편이 확실히 더 낫다. 어차피 그러라고 폐가 있는 거다. 산소를 코로 흡입하면 산소는 폐를 지나 혈액으로 간다. 위와 장은 그렇게 하지 못한다. 음료수를 통해 섭취한 기체는 아주 소량만 혈액에 도달하고, 나머지는 창피하게도 트림으로 다시 올라온다. 산소가 풍부한 트림을 하고 싶은 거라면, 산소수도 권할 만하다.

확실하게 확인하기 위해 이 모든 것에 대해 실험이 이뤄졌다. 산소수를 마시면 측정 가능할 만큼 실력이 향상될까? 효과가 있다는 증거는 하나도 발견되지 않았다. 다만 플라세보 효과는 간과할 수 없다. 물이 건강을 준다는 믿음만으로도 벌써 건강해질 수 있다.

앗, 이런 설명을 해서 정말 미안하다. 이걸 알게 됐으니 이제 당신에게는 플라세보효과가 더는 안 통한다. 대신 당신은 이제 마케팅 헛소리에 불과한 기이한 물에 돈을 허비하지 않아도 된다.

탄산수는 어떨까?

물에 관한 미신은 아주 다양하다. 탄산수가 해로울 거라는 두려움은 특히 질기다. 이름이 말해주듯이, 탄산은 산이다. 일반 식수가 pH 7로 중성이지만 탄산수는 pH 농도가 낮아 최대 5까지 된다. 한편으로 탄산에는 항균 효과도 있다. 7장에서 다뤘던 산을 이용한 방부제를 떠올려보자. pH 농도가 산성이면 미생물이 번식하기 어렵다. 그러나 우리의 소화계는 pH 5 정도는 아무렇지 않게 소화한다.
우리가 매일 먹는 수많은 새콤한 음식을 생각해보라. 과일, 커피, 초콜릿 또는 유제품에 산이 들어 있다. 이 음식은 위에서 위산과 만난다. 위산은 pH 1이므로 입안에서 톡 쏘는 고전적인 탄산이 아무렇지 않게 느껴진다. 그렇게 보면 우리가 마시는 식수가 살짝 더 시든 아니든 아무 상관이 없다. 특히 탄산수라면 더 상관이 없는데, 이산화탄소는 배출되기 때문이다. 일테면 트림을 통해 몸 밖으로 나온다. 그렇게 탄산이 사라진다. 물에 녹은 이산화탄소가 곧 탄산이기 때문이다.

그런데 2017년 팔레스타인 연구팀이 탄산, 즉 이산화탄소가 함유된 미네랄워터가 빨리 허기지게 한다고 주장함으로써 헤드라인을 차지했다. 탄산이 위에 압력을 가하면 이른바 허기 호르몬인 그렐린이 활동한다는 것이다. 이 연구 발표는 탄산수의 나라인 독일을 강타했다.

그러나 이 연구 하나만으로는 나를 설득하기에 부족하다. 첫째 이 연구는 그저 쥐에게만 실험한 것이었고, 둘째 허기를 조절하는 호르몬과 요인들은 그렐린 이외에도 아주 많다. 흥미로운 첫 단서일 수는 있지만, 탄산수가 정말로 식욕을 자극한다는 증거가 되기에는 한참 부족하다.

어쨌든 일반 식수가 탄산수보다 더 낫다. 탄산수의 청량감은 상큼한 맛에서 오기도 하지만 입안에서 톡톡 터지는 이산화탄소 기포에서도 온다. 이런 이산화탄소 때문에 위가 불편해지고 역류가 증가한다. 흉통이나 잦은 복부팽만, 소화불량을 앓는 사람은 위장을 불필요하게 가스로 채우지 않는 것이 좋다.

일반 식수든 탄산수든 맛있으면 그만이고, 충분히 마시기만 하면 된다. 에너지를 준다는 달 물이 콜라 욕구를 막아준다면, 나도 인정하겠다! 하지만 달 물은 기껏해야 지갑만 비울 뿐이다. 앞에서도 말했듯이, 오히려 수돗물이 좋으니 그냥 그걸 마셔라. 나도 집에서 수돗물을 마신다.

쓸데없이 칼로리만 높이는 설탕 음료

나는 이제 음료 코너를 거쳐 과자 코너로 향한다. 달콤한 건 역시 맛있으니까. 나조차도 달콤한 맛을 절대 포기할 수 없을 것 같다. 그러나 나는 콜라보다는 초콜릿을 훨씬 더 편안한 마음으로 먹고, 양심의 가책도 덜 느낀다. 설탕 음료는 아주 음흉한데, '공허한 칼로리'이기 때문이다. 다른 영양소 없이, 포만감도 없이 그냥 칼로리만 섭취하는 것이다.

특히, 오늘날 모든 마트에서 판매하는 가공 스무디가 가장 위험하다고 생각한다. 뭔가 몸에 좋은 걸 마신다는 기분을 주고, 그래서 더 많이 마시게 되기 때문이다. 그러나 스무디에 함유된 설탕량은 콜라와 맞먹는다. 심지어 더 많이 함유된 스무디도 있다. 그러니 다음에 마트에 가거든 성분표를 자세히 살펴보기 바란다. 콜라에는 설탕이 100밀리리터당 약 11그램 들어 있다. 참고하시라.

스무디가 특히 건강한 음료로 여겨지는 이유는 '100퍼센트 생과일'로 만들기 때문이다. 그러나 불행히도 그것은 생과일과 똑같지 않다. 부드럽게 마실 수 있도록 종종 껍질을 벗겨서 갈고, 여기에 과일즙을 첨가하기 때문이다. 그래서 섬유질이 풍부한 보통 과일과 비교할 때 설탕 밀도가 더 높다. 가공 스무디로는 다량의 설탕을 문제없이 섭취하게 되지만, 과일로는 같은 양을 섭취할 수 없다. 그 전에 배가 부를 테니까.

특히 흥미로운 한 가지가 있다. 집에서 과일을 통째로 갈아 마셔도, 그냥 먹는 것보다 맛이 덜하다. 또 음식의 딱딱한 정도가 포만감에 영향을 주는데, 마시는 음식은 씹어 먹는 음식보다 포만감을 덜 준다. 그러므로 나는 양심의 가책 없이 딱딱한 초콜릿 3개를 카트에 담아 계산대로 간다.

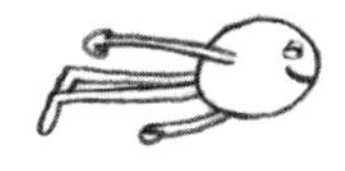

유튜브 스타
과학자의 하루
Komisch, alles chemisch!

모든 화학자는 훌륭한 요리사다

달콤한 디저트 속 화학 레시피

구매목록

- 밀크초콜릿 230g
- 버터 120g
- 밀가루 50g
- 달걀 중간 크기 4개
- 설탕 80g
- 바닐라 추출액 1티스푼
- 소금 약간
- 진하게 내린 에스프레소 1~2티스푼

초인종이 울리고, 나는 화들짝 놀란다. 배달시킨 게 없는데? 크리스티네와 공룡은 한 시간 뒤에나 올 예정이다. 아마 더 늦을 확률이 높은데, 크리스티네는 사적인 모임에 기본적으로 지각을 하기 때문이다. 나는 겁먹은 사람처럼 몇 초 동안 꼼짝하지 못했다. 그러다가 내가 어른임을 떠올리고 현관문으로 향했다.

이런 초인종 공포는 대학 생활 초기에 생겼다. 나의 첫 번째 룸메이트가 생존에 필요한 조언을 해주었다. '절대 **절.대.** 문을 열어주지 말라!' 친구들은 예고 없이 들르는 일이 없고, 방문할 만한 이웃도 없었다. 당시에는 아마존 같은 온라인 쇼핑 사이트도 없었다. 그러니 초인종 소리는 달갑지 않은 일을 의미했다. 여호와의 증인, 아니면 더 심각하게 시청료 징수원일 게 뻔했다!

나는 문을 열었다. 놀랍게도 크리스티네가 거기 서 있다.

"오늘은 아무것도 안 하고 쉴 거야."

"요리 테라피는?" 내가 물었다.

"대찬성이지!" 크리스티네가 만세를 부르며 외쳤다.

박사학위 지망생 시절 논문 때문에 좌절할 때면(우리는 자주 좌절했다) 크리스티네와 나는 우리 집에서 영혼의 좌절을 요리하곤 했다. 애피타이저, 메인, 디저트로 구성된 코스 요리로 일종의 요리 테라피였다. 같이 요리한 지가 정말 오래됐다.

오늘 크리스티네에게 직접 포도주를 따라줄 수 있어서 아주 기쁘다. 오랜만에 다시 하는 요리 테라피니만큼 축하해야 마땅하지 않겠나!

"공룡은?" 내가 물었다.

"나중에 올 거야. 진행 중인 반응이 아직 남아서."

크리스티네가 포도주 한 모금을 마셨고, 살짝 양심의 가책을 느끼는 듯했다. 아마도 공룡이 아직 연구실에서 일하는데 혼자 여기서 포도주를 마시는 게 미안했나 보다. 그렇지만 크리스티네가 8시 전에 퇴근한 건 대략 한 달 만의 일이었다. 연구는 높은 좌절 한계선을 요구한다. 때때로 몇 주, 어쩌면 심지어 몇 달씩 특정 가설을 확인하기 위해 애써야 한다. 그러고 나서도 어느 날 간단한 실험에서 모든 가설이 엉터리였고 모든 작업이 헛수고였다는 걸 알게 된다.

데이터는 아주 잔혹할 수 있다. 우리는 모두 실수를 하고 그것을 인지한다. 그러나 자신의 실수를 숫자와 측정치로 확인하는 건 특히 치욕적인 심판이다. 게다가 연구는 절망적으로 오래 걸린다. 인내와 결단의 혼합을 요구한다. 엄청난 땀과 뇌와 심장의 피를 쏟더라도, 이렇다 할 진보를 보기까지 몇 년이 걸릴 수도 있다.

그래서 요리는 크리스티네와 나에게 큰 만족을 준다. 요리는 실험실 작업과 아주 비슷하지만, 결과물이 아주 빨리 나온다. 게다가 결과물을 먹을 수도 있다. 이보다 더 좋을 수는 없다!

"뭘 만들 건데?" 크리스티네가 물었다.

"후식으로 '퐁당오쇼콜라'를 만들 거야. 그 외에는 정해진 거 없어. 그냥 냉장고에 있는 것으로 만들지 뭐."

우리의 요리 테라피에는 레시피가 없고 우리는 그걸 아주 좋아한다. 실험실에서는 모든 것이 마이크로그램 단위까지 정확해야 하지만, 부엌에서는 모든 것을 감으로 할 수 있고 그럼에도 성공적인 결과물이 나온다. 늘 그런 건 아니지만 적어도 대부분은 그렇다. 이런 상황은 화학자에게 대단한 해방감을 준다. 물론 요리를 완전히 망치지 않는 데에는 몇몇 화학 지식이 도움이 된다. 나는 어렸을 때부터 이미 화학을 음식과 요리에 연결해왔다.

요리와 제빵은 같은 분야로 보이지만, 화학적으로 보면 역사가 다르다. 요리는 즐겁지만 빵을 굽는 건 별로라고 말할 사람도 있을 터인데, 아마 빵을 구울 때는 완전히 즉흥적으로 할 수 없기 때문이리라. 실제로 제빵은 순수 화학이다. 레시피 없이 하는 걸 선호한다 하더라도 빵을 구울 때는 최소한 몇몇 경험이나 지식을 이용해야 한다. 그래야 어쨌든 빵이 만들어진다. 그냥 감으로 하면 간이 안 맞거나 너무 익거나 덜 익을 수 있다. 케이크가 완전히 무너지거나 쿠키가 서로 들러붙어 커다란 한 판이 되기도 한다.

크리스티네와 나는 제빵의 기본 규칙을 이미 알지만, 그럼에도 빵을 구울 때는 레시피를 이용한다. 레시피를 점차 최적화하여 우리만의 고유한 것을 개발할 때까지는 계속 그럴 것이다.

만찬을 준비하는 동안, 퐁당오쇼콜라를 통해 제빵의 매력적인 화학을 당신에게 소개하고자 한다. 이 지식은 당신이 나중에 빵을 구울 때 큰 도움이 될 것이다. 그리고 나만의 퐁당오쇼콜라 레시피도 당연히 덤으로 알려주겠다.

코코아의 테오브로민도 불법주차를 한다!

퐁당오쇼콜라는 작고 따뜻한 초콜릿케이크로, 속에 액상 초콜릿이 들어 있다. 내 생각에 퐁당오쇼콜라만큼 맛있으면서 만들기 간단한 디저트는 없는 것 같다. 레시피는 신성한 재료로 시작된다. 바로 초콜릿이다!

초콜릿 230그램이 필요한데, 코코아 비율이 45~60퍼센트인 밀크초콜릿이 가장 좋다. 나는 코코아 비율이 높은 걸 선호한다. 코코아에는 흥미로운 분자가 몇몇 들어 있다. 예를 들어 **테오브로민**이 있는데, 카페인과 거의 똑같이 생겼다.

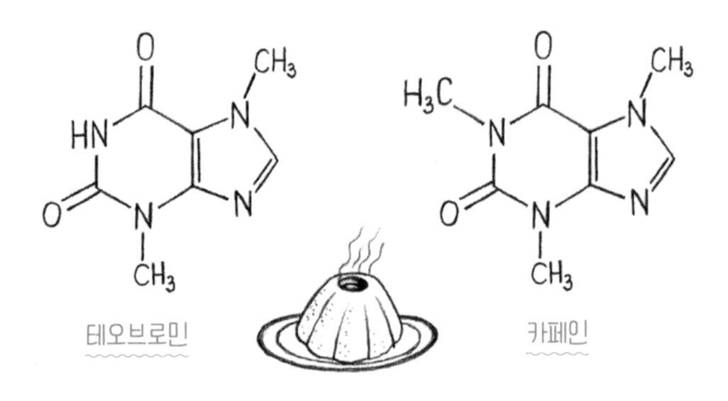

그리고 기능도 카페인과 거의 같다. 7장에서 아데노신을 설명할 때 다뤘던 '수용체 주차구역'을 떠올리기 바란다. 테오브로민 역시 카페인과 마찬가지로, 수용체 주차구역을 두고 아데노신과 경쟁한다. 초콜릿을 아주 좋아하는 사람이라면 이 얘기에 기뻐서 정신이 번쩍 들겠지만, 화학구조가 비록 카페인과 놀랍도록 유사하더라도 테오브로민의 각성 효과는 카페인보다 명확히 낮다. 무엇보다 테오브로민은 수용체 주차구역에 카페인만큼 딱 들어맞지 않고, 아데노신 분자를 아주 공격적으로 몰아내지도 못한다. 그러니 테오브로민을 응축해서 섭취하더라도 밤에 잠이 오지 않을까 걱정하지 않아도 된다.

다만, 테오브로민은 카페인과 똑같이 특정 용량부터는 독이 된다. 한마디로, 용량이 독을 만든다! 다만 다행인 것은 테오브로민 과다복용으로 위험해질 만큼 초콜릿을 먹을 수가 없다는 것이다. 위험해지기 한참 전에 토하거나 그냥 속이 메스꺼워 더는 먹지 못하게 된다.

개에게는 초콜릿이 아주 위험하다. 테오브로민을 매우 느리게 분해하기 때문에, 아주 소량으로도 치명적일 수 있다. 우리 몸은 독성이 있는 각성 물질을 무해한 다른 분자로 재빨리 바꾸지만, 개의 테오브로민 화학은 그렇게 민첩하지 못해서 분자가 체내에 쌓인다. 그 결과 심장이 심하게 빨리 뛰는 빈맥, 근육경직, 메스꺼움, 구토가 발생할 수 있고 심하면 죽음에 이른다. 그러므로 초콜릿바를 먹는 당신을 부럽게 쳐다보는 개의 커다란 눈망울을 보더라도 절대 마음이 약해져선 안 된다!

개에게 초콜릿이 위험하다는 것은 잘 알려져 있지만, 고양이는 어떨까? 고양이에게도 똑같이 위험하다. 그러나 고양이에게는 장점이 하나 있다. 개를 비롯해 거의 모든 포유동물과 달리 고양이는 달콤한 맛을 모른다. 고양이의 미뢰는 당류와 탄수화물을 감지하지 못하고 그에 해당하는 신호도 뇌에 전달하지 못한다. 고양이는 달콤함에 전혀 유혹당하지 않기 때문에 초콜릿바를 애절하게 쳐다보지 않을 것이다. 그렇더라도 초콜릿을 보관할 때는 고양이가 찾아내지 못하게 잘 숨기는 것이 좋다. 수많은 유튜브 영상이 증명하듯이, 고양이의 호기심은 끝이 없으니까!

우리 인간은 테오브로민을 아주 잘 소화할 수 있음에 감사해야 한다. 주요성분이 설탕과 지방이긴 하지만, 초콜릿에는 역시 거부하기 힘든 코코아가 들어 있으니 말이다.

나는 이제 중탕으로 초콜릿을 녹인다. 영리한 사람은 초콜릿을 전자레인지로 녹이겠지만, 초콜릿을 저으며 녹아내리는 모습을 지켜보는 것만큼 흡족한 일도 별로 없다. 그때 퍼지는 향은 또 어떻고. 중탕의 장점이 또 있다. 물은 불의 온도가 어떻든 끓는점 이상으로, 즉 100℃ 이상으로 뜨거워질 수 없다. 그래서 초콜릿이 과열되어 볼품없이 덩어리지는 불상사를 막아준다.

열이 지나치게 가해지면 초콜릿이 서로 친하지 않은 두 성분, 즉 설탕과 지방으로 구성됐음이 드러난다. 설탕은 친수성에 극성 물질이고, 지방은 소수성에 비극성 물질이다. 일반적으로 대두에서 추출하는, 일종의 계면활성제인 레시틴이 상반되는 두 물질을 균일하게 혼합한다. 샴푸에 함유된 계면활성제처럼 레시틴 역시 양친성 분자로 **유화제** 역할을 한다. 레시틴은 설탕과 지방 사이의 경계면에 자리를 잡고 두 물질을 혼합한다. 그러나 과열되면 레시틴이 제 임무를 해내지 못하게 되고, 우리는 불편한 문제에 봉착한다. 즉 코코아지방과 우유지방이 엉킨 덩어리, 그리고 설탕과 코코아 입자가 엉킨 또 다른 덩어리를 얻게 된다.

그러나 중탕에도 위험이 있다. 녹아내리는 초콜릿에 물이 닿아선 절대 안 된다! 그러므로 물을 과하게 끓이지 않는 것이 가장 좋다. 그래야 물이 부글부글 끓다가 실수로 물방울이 초콜릿으로 튀는 일이 없다. 따끈한 정도면 충분하다. 초콜릿은 입안에서도 녹으니 특별히 높은 온도일 필요는 없다. 만약 초콜릿에 물이 들어가면, 특히 친수성이 강한 이 선수는 경기장을 휘젓고 다닌다. 물과 설탕이 즉시 만나는 것이다. 설탕통에 아주 작은 물방울이 튀어도 금세 덩어리가 진다는 걸 당신도 알 것이다. 초콜릿에서도 그 비슷한 일이 발생한다. 아주 작은 물방울이 튀어도 금세 덩어리가 생기고, 이 덩어리는 쉽게 풀어지지 않는다.

지방을 집중적으로 탐구해보자

나는 초콜릿만 외롭게 녹이지 않는다. 버터 120그램을 첨가한다. 오, 풍부한 지방! 흥미롭게도 일상에서 우리는 지방과 기름에 관해 많이 얘기한다. '포화지방산', '불포화지방산', '트랜스지방', '오메가-3-지방산' 등. 일상에서 이렇게 많은 화학 용어를 듣기도 어려울 것이다. 이것은 분명 좋은 일이다. 하지만 그 많은 개념이 '실제로' 무슨 뜻인지 명확히 알지 못한 채 사용하는 건 조금 걱정스럽다. 그러니 잠시 지방 화학을 공부하는 건 어떨까?

비누화에서 이미 배웠듯이, 지방과 기름은 **지방산** 3개가 합쳐진 **트라이글리세라이드**로 구성돼 있다. 지방산은 장쇄분자다. 탄소 원자로 구성된 긴 사슬이라는 얘기다. 각각의 '탄소-탄소' 결합에는 에너지가 들어 있고, 신체는 이 에너지를 신진대사에 이용한다. 지방은 이런 에너지가 가장 많이 들어 있는 영양소다. 수렵 · 채집 시대에 머물러 있는 우리 몸은 지방을 발견하면 이렇게 외친다. "야호! 만세!" 우리는 지방을 사랑한다. 이 소중한 에너지 원천을 발견하자마자 바로 먹어 치울 정도로 사랑한다. 다만, 오늘날에는 사방 곳곳에서 지방을 발견할 수 있다. 그래서 소중한 에너지 공급원이 오히려 건강을 해치는 원흉이 된다.

그러나 지방이라고 다 같은 건 아니다. '불포화지방산은 좋고, 포화지방산은 나쁘다'라고들 말한다. 맞는 말일까? 그 전에, 불포화지방산과 포화지방산은 정확히 어떻게 다를까?

모든 탄소 원자는 4개까지 결합할 수 있다. 지방산 사슬에서 모든 탄소 원자는 다른 2개의 탄소 원자와 결합한다. 자, 아직 2개의 결합이 남았다. 사슬의 각 탄소 원자에 수소 원자 2개가 붙으면, **포화지방산**이다. 수소로 포화 상태이기 때문에 '포화'라고 불린다.

반면 **불포화지방산**에는 '탄소=탄소' 이중결합이 들어 있다. 모든 이중결합을 위해 수소 원자를 버려야 한다. 그러니까 이중으로 결합된 탄소 원자에는 수소 원자가 하나만 달려 있다. 그래서 '불포화'다.

이제 **단가 불포화지방산**과 **다가 불포화지방산**을 구별해야 한다. 이는 이중결합의 수로 구별한다. 이중결합이 하나면 단가 불포화이고, 이중결합이 여럿이면 다가 불포화다.

이제부터 약간의 집중력이 필요하다. 지방 화학은 이름만으로도 헷갈리기 때문이다. '포화'와 '불포화'를 서둘러 읽으면 쉽게 혼동하는데, 나 역시 그렇다.

또한 '불포화'의 '불'에서 자동으로 뭔가 없다는 연상을 하게 된다. 실제로 불포화지방산에는 수소 원자가 부족하지만, 그것은 우리에게 아무런 영향도 주지 않는다. 불포화지방산에서 모든 것의 중심축은 이중결합이다. 아니, 중심축이라는 단어는 맞지 않다. 글자 그대로 보면, 이중결합은 어떤 것도 중심축으로 해서 회전하지 않으니까.

내가 무슨 말을 하려는 건지 이해하고 싶다면, 방울토마토와 이쑤시개를 준비하라. 방울토마토 2개를 이쑤시개 양쪽에 꽂으면, 그것은 단일결합과 같다. 방울토마토 2개를 쉽게 반대 방향으로 돌릴 수 있다. 그러니까 단일결합은 자유롭게 움직인다. 이쑤시개 2개에 방울토마토를 꽂으면, 이중결합 모형

집에서 하는 실험 No. 4

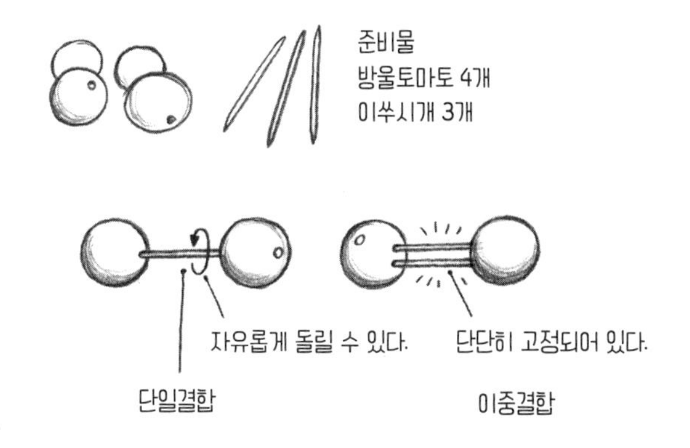

이 된다. 이제 이 결합은 단단히 고정되어 방울토마토를 더는 반대 방향으로 돌릴 수가 없다. 억지로 돌리면 방울토마토가 터져버린다.

이 실험에서 무엇을 알 수 있을까? 모든 이중결합의 관절은 굳어 있다는 것이다. 불포화지방산에서는 이 굳은 관절이 기본적으로 꺾여 있다.

분자구조의 이런 꺾임 하나가 눈에 띄는 물리적 특징을 만든다. 꺾임이 없는 포화지방산은 주로 고체 지방을 형성하고, 꺾임이 있는 불포화지방산은 주로 액상 지방을 낳는다. 이해하기 쉽게 설명하자면, 포화지방산은 꺾임이 없어 쉽게 층층

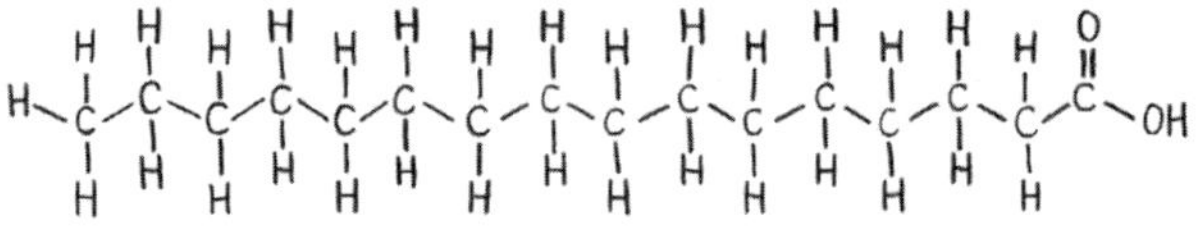

팔미트산

포화지방산

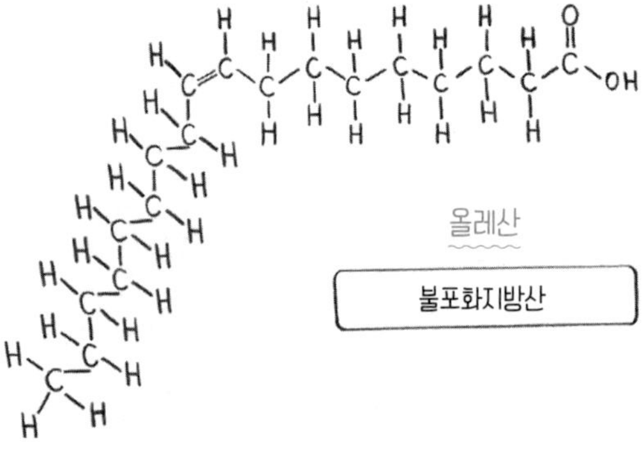

올레산

불포화지방산

이 쌓이고 그래서 쉽게 고체형 구조를 형성한다. 반면, 꺾임이 있는 불포화지방산은 다루기 힘들고 그래서 쌓기도 어렵다. 결과적으로 불포화지방은 주로 액상 기름이다. 그러므로 불포화지방산인지 포화지방산인지 구별하는 데 응집 상태가 힌트를 준다. 그러나 고체와 액체 사이의 경계가 글자 그대로 유동적이기 때문에 포화지방산과 불포화지방산은 종종 섞여 있다. 초콜릿이 대표적인 예다. 이 얘기는 잠시 뒤에 다시 하기로 하자.

그 전에 보충해야 할 중요한 사실 하나가 있다. 불포화지방산에 반드시 꺾임이 하나씩 있는 건 아니다. 탄소 사슬 하나 안에 이중결합이 하나 있을 때는 언제나 두 가지 가능성이 있다. **시스**(cis) 아니면 **트랜스**(trans), 즉 꺾임이 있거나 없거나다.

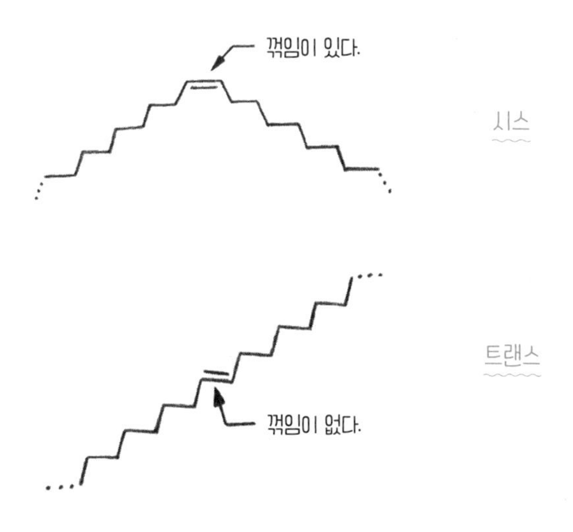

시스지방과 트랜스지방, 포화지방과 불포화지방

자연식품에는 거의 꺾임이 있는 시스지방산만 들어 있다. 트랜스지방산은 되새김질을 하는 동물에게서 명확히 확인되듯, 동물성 지방에 아주 소량으로 들어 있다. 예를 들어 유지방의 1~6퍼센트는 트랜스지방이다. 그러니까 우리가 일상에서 말하는 불포화지방산은 정확히 말해 시스지방산이다. 반면 트랜스지방산은 포화지방산이라고 뭉뚱그려 말하지 않고 트랜스지방산이라고 콕 찍어 부른다. 왜냐하면 건강에 가장 해로운 지방산으로 통할 만큼 문제가 아주 많기 때문이다. 트랜스지방 섭취량이 전체 에너지 섭취량의 1퍼센트를 넘어선 안 된다.

그런데 불행히도 이 사실이 상대적으로 뒤늦게 밝혀졌다. 지방 경화의 부산물로 트랜스지방이 다량 생기고 제품에 그냥 남아 있어도 처음에는 아무도 신경 쓰지 않았다. 지방을 굳게 하려면 먼저 불포화시스지방산을 **수소화**한다. 낱말에서 알 수 있듯이, 수소화란 수소와 반응한다는 뜻이다. 수소는 이중으로 결합된 탄소 원자에게 가서, 열과 압력의 도움을 받아 이중결합을 풀고 사슬에 동참하라고 설득한다. 그러므로 수소화란 불포화지방산을 포화지방산으로 만드는 일이다.

독일 화학자 빌헬름 노르만(Wilhelm Normann)이 1901년에 이 과정을 개발했을 때, 처음에는 대단히 유용했다. 그 덕분에 저렴한 식물성 기름으로 마가린이나 쇼트닝 같은 고체형 지방을 생산할 수 있었다. 이런 방식으로 굳힌 지방은 비누 생산에도 사용된다(3장 참고). 그러나 이런 화학반응에서 뭔가 다른 일이 벌어지는데, 시스 이중결합이 트랜스 이중결합으로 변하는 것이다. 즉 꺾임이 없어져 직선이 된다. 인공적인 지방 경화와 수소화를 통해 트랜스지방이 생긴다. 그리고 아이러니하게도 사람들은 오랫동안, 인공적으로 생산된 트랜스지방이 식물성 지방에서 왔기 때문에 동물성 지방보다 건강에 더 좋을 거라고 생각했다. 그래서 버터 애용자들이 건강을 위해 무거운 마음으로 버터 대신 마가린을 먹었다.

그러나 나중에 연구 결과가 나왔다. 어느 날 갑자기 느닷없이 발표된 것이 아니라, 트랜스지방이 더 낫지 않을뿐더러 심지어 심혈관계에 나쁘다는 정보들이 점차 쌓였다. 찬양받던 지방이 금지해야 할 공포의 대상으로 바뀌었다. 그리고 세계보건기구(WHO)가 목표를 발표했다. "2023년까지 트랜스지

방을 완전히 없앤다!" 경고가 효과를 냈다. 트랜스지방의 평판이 아주 나빠져서, 여러 식료품 생산자들이 그사이에 자발적으로 트랜스지방 첨가를 포기하거나 첨가량을 최소한으로 줄였다. 이에 따라 독일연방위해평가원은 트랜스지방산 사용이 독일에서 재등장하는 일은 결코 없으리라 전망하고 있다.

그렇다면 포화지방과 불포화지방은 어떨까?

이에 관한 연구는 아주 많다. 그러나 영양 연구는 아주 힘든 분야다. 모순된 결과가 나오기 일쑤이기 때문이다. 그 원인은 역시 과학적 방법에 있다. 5장의 무작위 대조 시험을 떠올려보면, 영양 연구에서는 그런 임상 연구가 대부분 불가능하다는 것이 금세 명확해진다. 실험용 쥐들은 쉽게 시험군과 대조군으로 나눌 수 있고, 동물에게는 자동으로 블라인드 테스트가 진행된다. 그런데 사람의 경우에는 영양 연구에서 블라인드 테스트가 거의 진행될 수 없다. 사람들은 자신이 뭘 먹는지 잘 알기 때문이다. 그러나 그것이 최대 도전 과제는 아니다. 동물에 대해서는 그들이 무엇을 먹는지, 심지어 얼마나 움직이는지까지 장기간에 걸쳐 정확히 통제할 수 있다. 하지만 사람들에게는 그렇게 할 수가 없다.

그럼에도 몇몇 지점에서 설득력 있는 증명이 나왔다. 예를 들어, 포화지방산을 다가 불포화지방산으로 대체하라고 권한다. 다만 어떤 불포화지방산이 더 건강하냐에 대해서는 전문가들의 의견이 갈린다. '이중결합이 많을수록 좋다'라는 규칙이 과연 옳을까? 다가 불포화지방산이 단가 불포화지방산보다 더 건강할까?

전문가들 사이에 의견이 일치된 더 나은 지방은 **오메가-3 지방산**과 **오메가-6 지방산**밖에 없다. 오메가-3는 사슬의 끝에서('끝'이 '오메가'다) 세 번째(그래서 '3'이다) 탄소 원자에 이중결합이 있는 불포화지방산이라는 뜻이다. 오메가-6는 마찬가지로 끝에서 여섯 번째 탄소 원자에 이중결합이 있다.

오메가-3 지방산 알파리놀렌산과 오메가-6 지방산 리놀레산은 **필수지방산**에 속한다. 말하자면 두 지방산은 생존에 중요하고, 우리 몸이 그것을 자체적으로 생산하지 못한다는 얘기다. 그러므로 우리는 그것을 먹어야 한다. 두 지방산은 다양한 식물성 기름과 생선에 들어 있다. 그렇다고 해서 패닉에 빠져 생선을 카놀라유에 부지런히 튀기지 않아도 된다. 권장량은 하루 250밀리그램이다. 그 이상은 그저 입만 즐겁게 하고 다시 배출된다.

원칙적으로 지방을 싸잡아 나쁘다고 할 수도 없고, 좋다고 환영할 수도 없다. 전체 에너지 섭취의 30~35퍼센트 이상을 지방 형식으로 섭취해선 안 된다. 그러나 최소한 10퍼센트는 지방 형식으로 섭취해야 한다. 그래야 충분한 칼로리를 섭취할 수 있고, 필수지방산 때문에라도 그렇다. 또한 몇몇 비타민 친구들은 심한 소수성이라 물보다 지방과 훨씬 더 친하게 지낸다.

늘 그렇듯, 문제는 균형이다. 예를 들어 초콜릿 230그램과 버터 120그램이 들어간 퐁당오쇼콜라를 매일 먹어선 안 된다. 그러나 맛있는 음식은 행복을 준다. 행복감을 얕잡아봐선 안 된다. 우리는 때때로 신체적 건강에만 너무 집중하는 경향이 있다. 정신적 건강 역시 소홀히 해선 안 된다. 그러니 다시 초콜릿으로 돌아가자!

사르르 녹는 초콜릿크림을 만드는 지방

밀크초콜릿에는 상표에 따라 지방이 대략 30~35퍼센트 들어 있다. 이 중 일부는 코코아지방이다. 코코아버터라고 불리기도 하는 이 지방에는 다양한 지방산이 복합적으로 섞여 있다. 코코아버터에 가장 많이 들어 있는 지방산 세 가지를 꼽으면 올레산(불포화), 팔미트산(포화), 스테아르산(포화)이다. 이 셋의 혼합에는 놀라운 특징이 있다. 실온에서는 고체지만 체온, 즉 입안에서는 녹는다. 초콜릿에는 또한 유지방도 들어 있다. 초콜릿 색상이 연할수록 유지방 함유량이 많다. 유지방 역시 포화지방산과 불포화지방산의 혼합이다. 그러나 녹는점은 코코아지방보다 낮다. 그래서 코코아 함유량이 높은 다크초콜릿보다 유지방이 많이 함유된 밀크초콜릿이 입안에서 더 부드럽게 살살 녹는다.

고전적인 버터 역시 유지방이다. 버터를 버터라고 할 수 있으려면, 버터에 유지방이 적어도 80퍼센트가 들어 있어야 한다. 그래서 나는 퐁당오쇼콜라에 넣을 초콜릿 반죽에 버터를 넉넉히 섞는다. 버터는 맛을 좋게 할 뿐 아니라 초콜릿 반죽의 녹는점도 낮춰서 원하는 마지막 결과, 즉 퐁당오쇼콜라의 내용물이 액상이 되게 한다.

버터에는 수분이 최대 16퍼센트 들어 있다. 오븐에 구울 때 이 수분이 중요한 역할을 한다. 중탕에 쓰는 물과 반대로 버터에 든 물은 이미 유화된 상태다. 즉 유지방과 잘 섞인다. 그래서 초콜릿과 섞을 때 덩어리가 지지 않는다. 나중에 오븐에서 액체 수분이 기체 수증기로 바뀌면서 부피가 몇 배로 커지고, 그 덕에 빵이 부푼다. 우리가 기체를 '없는 것'으로 인식하고 공간을 맛볼 수 없기 때문에 기체가 재료로 인정받지 못하지만, 사실 빵의 맛은 모든 응집 상태가 좌우한다. 빵을 구울 때 대부분 기화가 중요한 역할을 한다. 고전적 방식에서는 베이킹파우더나 소다를 사용하는데, 그것이 오븐에서 이산화탄소 기체로 변하고 그래서 빵이 부푼다.

쫄깃한 빵을 만드는 글루텐

중탕 그릇 안에서 초콜릿과 버터가 맛있는 초콜릿크림으로 녹는 동안, 나는 작은 그릇에 밀가루 50그램을 담고 소금을 약간 뿌린다. 대부분의 레시피에서 밀가루에 뭔가를 섞을 때는 건조한 재료들을 먼저 넣고 그다음 수분이 든 재료를 추가하는데, 거기에는 그럴 만한 이유가 있다. 밀가루에는 **글루텐**이라는 단백질이 들어 있는데, 글루텐은 물에 아주 예민하기 때문이다.

글루텐은 오랫동안 거의 알려지지 않다가 최근에 점점 많은 관심을 받고 있다. 그것도 아주 부정적인 관심을. 글루텐을 소화하지 못한다거나, 글루텐을 먹지 않았을 때 속이 더 편안하다는 사람이 점점 늘고 있다. 과학은 살짝 당황한 채 이마만 찌푸린다. 그들 대부분이 유전적 글루텐 불내증인 **셀리악병**도 아니고, 그렇다고 밀가루 알레르기가 있는 것도 아니기 때문이다. 전문가들의 의견이 일치하지 않아 다양한 설명이 제시되는데, 그중에는 노세보효과도 있다. 부정적인 자기실현적 예언 말이다.

모두의 의견이 확실히 일치하는 한 가지는, 글루텐이 빵을 만드는 데 중요한 역할을 한다는 사실이다. 이 단백질은 접착제 단백질이라고도 불리는데, 이름에서 벌써 어떤 역할을 하는지 짐작할 수 있다. 원래 글루텐은 **글리아딘**과 **글루테닌**이라는 두 종류의 단백질로 이루어져 있다. 밀가루가 물을 만나면 두 단백질이 비로소 서로를 알아보고, 함께 3차원의 끈적거리는 구조인 글루텐을 형성한다. 이 끈적거리는 구조가 빵이나 국수에 특유의 쫄깃함을 준다.

그러므로 빵을 만들 때 어떤 시점에서 밀가루에 물을 넣느냐가 중요하다. 물을 넣자마자 반죽이 끈적이기 시작하니까. 글루텐이 활동을 시작하여 반죽이 끈적이기 시작하면, 설탕이나 베이킹파우더 같은 마른 재료들을 골고루 섞기가 어려워진다. 그러므로 마른 재료들을 먼저 섞어야 편하다. 빵은 '쫄깃한' 식감일 때 맛있지만, 케이크나 퐁당오쇼콜라는 바삭해야 맛있다. 그래서 나는 밀가루를 아주 조금 쓴다. 그래야 속에 든 초콜릿크림이 액상으로 남는다.

수플레를 폭신폭신 구름처럼 부풀리려면

그사이 초콜릿-버터 혼합물이 다 녹았다. 나는 그것을 내려서 식힌다. 다음은 전형적인 퐁당 반죽에 약간의 변화를 줄 차례다. 대개는 밀가루에 달걀을 바로 깨 넣고 섞지만, 나는 중간 크기의 달걀 4개를 다른 큰 그릇에 깨 넣고 거품이 생길 때까지 휘젓는다. 여기에 설탕 80그램을 조금씩 나눠서 섞는다. 설탕은 마른 재료이므로 밀가루에 바로 섞어도 된다. 직접 시험해보면 알 터인데, 밀가루에 설탕을 바로 섞으면 반죽이 좀 더 조밀해져서 바삭함이 덜할 수 있다(물론 이것도 나름의 매력이긴 하다). 그러지 않고 달걀에 설탕을 넣으면 거품이 일도록 달걀을 젓기가 더 쉽다. 설탕 결정이 달걀 곳곳을 돌아다니며 숫

돌 역할을 하기 때문이다.

달걀에는 단백질이 많이 들어 있다. 이 단백질 역시 제빵에서 아주 중요한 역할을 한다. 지방과 마찬가지로 단백질을 긴 사슬로 상상하면 이해하기 쉽다. 단백질 사슬은 지방보다 더 복합적인데, 기본 구성 요소는 **아미노산**이다. 또한 단백질 사슬은 지방산보다 명확히 더 길다. 이 긴 사슬이 실뭉치처럼 감기고 뭉쳐져서 커다란 3차원 구조물을 만든다. 그래서 밖에서 보면 단백질은 사슬이 아니라 공이나 3차원 구조물처럼 보인다.

우리는 오늘 아침 달걀프라이를 만들면서, 단백질에 열을 가하면 무슨 일이 벌어지는지 이미 확인했다. 그렇다, 단단해진다. 먼저, 열이 단백질 뭉치를 사슬로 풀어놓는다. 이 과정을 **변성 과정**이라고 한다. 이제 긴 사슬이 서로 얽히고설켜 일종의 그물 구조가 생기고, 달걀이 단단해진다. 사슬이 일단 엉키면 돌이킬 수 없다. 주머니에 마구 넣어두었던 이어폰에서 우리는 이 현상의 약한 버전을 경험하곤 한다. 이어폰 줄이 심하게 엉켰을 때는 다시 풀려면 진땀깨나 흘려야 한다.

달걀을 휘저을 때도 비슷한 일이 생긴다. 다만, 아주 심하게 엉키진 않는다. 거품기의 물리적 휘저음으로 단백질 일부가 풀려 서로 엉키기 시작한다. 일종의 약한 변성 과정인 셈이다. 흰자위만 휘저으면 정말로 단단한 머랭이 된다. 여기서 주인공은 공기다. 휘저을 때 수많은 작은 공기 거품이 생기는데,

거품이 잘 꺼지지 않을수록 디저트는 더욱 가벼워진다. 초콜릿수플레를 만든다면, 폭신폭신 구름처럼 부풀게 하기 위해 머랭 만들기가 아주 중요한 단계일 것이다. 나는 쉬운 버전을 택했다. 디저트가 너무 묵직하지 않도록 약간 폭신폭신했으면 좋겠지만, 수플레보다는 좀더 씹히는 맛이 있기를 바란다. 그래서 흰자위와 노른자위를 분리하지 않고 전체를 같이 휘저었다. 그러면 더 부드러운 거품이 생긴다. 노른자위의 대부분을 차지하는 지방이 같이 섞여서 단백질 사슬들의 엉킴을 방해한다.

노른자위의 약 30퍼센트가 지방이다. 지방 덕분에 '과하게' 휘젓는 일이 발생하지 않는다. 당연히 단백질과 수분으로만 이루어진 머랭은 과하게 저으면 금세 망가질 수 있다. 너무 세게 저으면 머랭이 망가진다. 수분이 따로 분리되고 단백질끼리 뭉치기 때문이다. 반면 달걀 전체를 섞으면 잘못될 일이 거의 없다. 젓다 보면 부피가 몇 배로 커지고(그래서 큰 그릇이 필요하다), 거품은 미세해지고, 표면이 매끄러워지면서 연노랑 빛이 돈다.

단백질은 나중에 오븐에서 완전히 변성하여 단단해진다. 그리고 달걀에 든 수분은 버터에 든 수분과 같은 임무를 수행한다. 즉 빵을 부풀게 한다. 수분은 휘저어진 공기 거품과 함께 폭신폭신한 빵을 만들고, 이 빵이 액상 초콜릿크림을 품는다.

푸석푸석한 케이크를 먹지 않으려면

설탕이 달걀을 휘저을 때만 도움을 주는 건 아니다. 설탕은 모든 달콤한 음식의 근본이다. 하지만 여기서 저지르기 쉬운 실수가 있는데, 단맛을 줄이겠다고 설탕을 줄이는 것이다. 설탕 역시 **흡습성**이다. 즉 설탕이 물을 끌어당겨 붙잡는다(7장에서 확인한 것처럼, 그래서 방부제 역할을 할 수 있다). 따뜻할 때 먹는 음식이며 속이 액상인 퐁당오쇼콜라에서는 설탕이 큰 역할을 하지 않지만, 케이크나 쿠키라면 설탕이 적을수록 빨리 건조해진다. 그러니 케이크 재료에서 설탕 절반을 덜어내면, 푸석푸석한 케이크를 먹을 수밖에 없다.

아이스크림, 특히 셔벗에서 설탕이 매우 중요하다. 셔벗에는 설탕이 많이 들어갈 뿐 아니라 설탕물도 많다. 모든 수용성 물질처럼 설탕의 양이 설탕물의 녹는점 또는 어는점에 영향을 미친다. 겨울에 빙판길에 소금을 뿌리는 게 이 현상을 활용하는 예다. 어는점을 낮추기 때문에 이 현상을 **빙점강하**라고 한다. 물은 0℃에서 얼지만, 소금물은 0℃에서도 여전히 액체로 머문다. 빙판길에 소금을 뿌리는 것은 효과적인 미끄럼방지 대책인데, 소금물이 더 낮은 온도에서 얼기 때문이다.

설탕물도 어는점을 낮출 수 있고, 그래서 아이스크림과 셔벗의 상태에 직접적인 효력을 발휘한다. 설탕 함유량이 많을수록 아이스크림이 빨리 녹고, 적을수록 더 오래 단단함을 유지한다. 그러므로 직접 아이스크림을 만들 때는 설탕량을 오로지 입맛에 맞출 게 아니라, 너무 단단하지도 않고 너무 질척대지도 않는 적당한 상태를 찾는 게 좋다.

모두가 좋아하는 바닐라 향의 비밀

초콜릿-버터 혼합물이 이제 다 식었고, 나는 여기에 바닐라 추출액 1티스푼을 넣는다. 달콤한 바닐라 아로마가 코코아의 쌉싸름한 향과 멋진 조합을 이룬다. 바닐라 아로마는 일반적으로 매우 인기가 높다. 바닐라 아로마가 넘쳐난다고 말해도 될 정도로 어디에서나 바닐라 맛이 난다. 하지만 바닐라 아로마는 보이는 것처럼 그렇게 평범하지 않다.

나는 몇 달 전에 순수 부르봉 바닐라 줄기에서 추출한 천연 바닐라 추출액을 샀다. 나를 위해 뭔가 사치를 누리고 싶어서였다. 이 물건은 까무러칠 만큼 비싸다. 바닐라를 재배하는 게 굉장히 어렵기 때문이다. 진짜 바닐라는 난의 일종인데, 오랫동안 중앙아메리카에서만 자랐다. 그곳에만 멜리포나 꿀벌이 살기 때문이다. 멜리포나 꿀벌은 희귀한 곤충으로, 바닐라 꽃가루를 옮긴다. 바닐라는 번식이 꽤 어려운 식물이다. 그래서 오랫동안 희귀한 식물이었고, 극소수만이 그 향을 즐길 수 있었다.

1841년 에드몽 알비우스(Edmond Albius)와 함께 상황이 바꿔었다. 알비우스는 마다가스카 근처의 프랑스 식민지인 레위니옹이라는 작은 섬의 노예 소년이었다. 열두 살에 이 소년은 바닐라 꽃가루를 손으로 옮기는 방법을 알아냈다. 레위니옹섬은 바닐라를 대규모로 수출하게 됐고 곧 마다가스카에서도 바닐라를 재배했다. 부르봉 바닐라라 불릴 만한 천연 바닐라 대부분이 오늘날에도 여전히 그곳에서 온다. 그러나 전 세계의 수요를 채우기에는 역부족인 것 같다. 바닐라 아로마가 매년 약 1만 8,000톤씩 생산되지만, 단 1퍼센트만이 진짜 바닐라 식물에서 추출된다. 지금도 알비우스 방식으로 재배하기 때문에 바닐라 꽃가루를 여전히 손으로 옮겨야 한다.

1960년대에 과학자들이 바닐라의 중요 향 물질인 바닐라 분자를 실험실에서 생산하는 방법을 알아냈다. 마트에서 살 수 있는 바닐라설탕은 대부분, 성분표에서 확인할 수 있듯이, 보통의 식용 설탕에 바닐린 아로마를 약간 섞은 것이다.

최근 몇 년 사이에 천연 바닐라 아로마의 수요가 높아졌지만, 바닐라는 넉넉하지 않다. 수고스러운 재배를 제외하더라도, 이 식물은 생산성이 그다지 높지 않다. 바닐라 줄기 1킬로

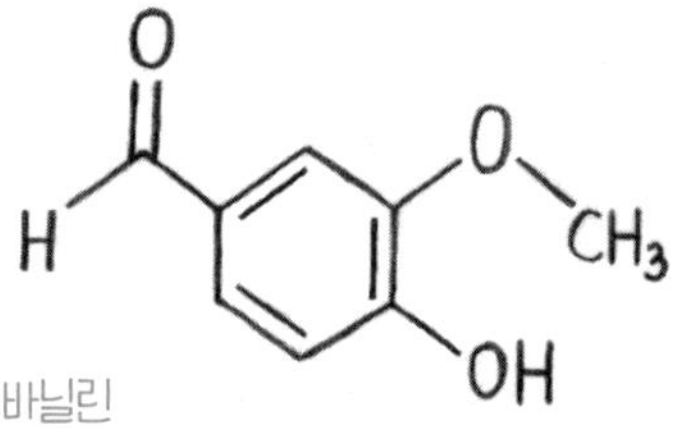

바닐린

그램을 얻으려면 대략 600송이에 일일이 손으로 꽃가루를 뿌려줘야 한다. 그러므로 천연 바닐라 아로마를 원하는 사람은, 한심하게도 나처럼 아주 어마어마한 돈을 써야만 한다.

진짜 부르봉 바닐라에는 실험실의 바닐린보다 향이 더 많이 함유되어 있으므로 천연 아로마의 풍미가 훨씬 풍성하지만, 내 레시피는 바닐라설탕만으로도 맛이 좋다. 실패할 일이 없다. 그러니 집에서 내 레시피로 만들어볼 때, 설탕 8그램 대신에 바닐라설탕을 넣으면 된다.

비법이 하나 더 있다. 마지막으로 초콜릿 아로마를 더한다. 에스프레소 한 잔 정도가 좋다. 초콜릿에서 커피 맛이 나는 건 싫다고 말하기 전에 밝혀두는데, 걱정하지 마시라. 커피 맛은 나지 않는다. 테오브로민과 카페인만 비슷한 게 아니다. 초콜릿과 커피도 비슷하게 씁쌀한 견과류 맛과 과일 맛을 담고 있다. 만약 집에 베이킹코코아가 있거든 손끝으로 조금만 집어 맛을 보라. 그렇게 강렬하지 않을 뿐, 살짝 커피 맛이 난다는 걸 알 수 있을 것이다. 진한 에스프레소 한두 티스푼을 초콜릿 디저트에 넣으면 그것이 무스든 케이크든, 코코아 아로마를 넣은 것과 거의 같다.

바닐라와 에스프레소를 살짝 섞어 식힌 초콜릿크림을 이제 나는 휘저은 달걀에 섞는다. '식힌'이라고 했지만, 반드시 실온이어야 하는 건 아니다. 그저 달걀의 단백질이 변성하지 않을 정도면 된다. 노른자위는 65℃에서, 흰자위는 83℃에서 변성한다. 나는 꼼꼼하게 열심히 섞지 않고, 그저 모든 것이 골고루 배분되게 대충 섞는다. 그래야 방금 아주 멋지게 휘저어 만들어놓은 기포를 가능한 한 적게 망가트린다. 마지막으로 소금 한 꼬집을 넣은 밀가루를 여기에 붓고, 적당히 섞일 정도로만 저어준다. 그다음 이 반죽을 기름칠한 수플레 틀이나 머핀 틀에 붓는다. 남은 반죽은 냉장고에 보관하면 된다. 아예 틀에 넣어서 보관하면 다음에 바로 구워서 먹을 수 있으니 더 편리하다.

나는 틀 4개를 채워 일단 냉장고에 넣어둔다. 이 후식은 냉장고에서 느긋하게 대기하고 있다가 나중에 잠깐 오븐에 들어가면 된다. 속에 든 초콜릿크림이 액상이 되게 하려면 굽는 시간을 신중하게 정해야 한다.

그러므로 내 레시피를 따르더라도, 반드시 직접 다시 한번 확인해야 한다. 나의 수플레 틀은 지름이 7센티미터이고, 나는 언제나 넉넉하게 4센티미터까지 반죽을 채운다. 이 정도 크기면 상하열 190℃에서 15분 30초가 적당하다. 반죽이 실온일 때 얘기다. 밤새도록 냉장고에 있었다면 16분에서 16분 30초 정도는 구워야 한다. 만약 훨씬 더 작은 틀을 사용할 거라면, 최적 시간은 여기서 몇 분 짧아져야 한다. 적당한 시간을 찾는 데는 친구들을 초대해서 먹여보는 게 최고다!

크리스티네와 나는 요리 테라피에 아주 깊이 몰두한 나머지, 마티아스가 들어오는 것도 몰랐다. 그리고 그 뒤에 공룡이 따라온 것도. 두 남자는 어리둥절한 얼굴로 들어왔다.

"어서 와!" 크리스티네가 공룡을 발견하고는 활기차게 외쳤다. "잘 됐다, 마침 칼질할 사람이 필요했거든!"

마티아스가 나를 부엌에서 나오라고 손짓했다. 가까이 갔더니 속삭이는 목소리로 물었다. "저 남자가 공룡이야?"

"응." 나도 속삭였다.

"우연히 집 앞에서 마주쳤는데, 웬 낯선 사람이 서 있나 했지."

"오늘은 즉흥 요리 테라피 날이야. 우리가 공룡을 초대했어." 내가 설명했다.

"자기소개도 하지 않고 그냥 말없이 내 뒤를 따라오지 뭐야." 마티아스가 웃었다.

"토르벤은 쿨한 사람이야." 내가 말했다. "아직 해동이 덜 돼서 그래."

우리는 부엌으로 돌아갔고, 나는 마티아스와 토르벤을 위해 와인잔 2개를 더 꺼냈다. 아주 재밌는 저녁이 될 것 같다.

유튜브 스타
과학자의 하루
Komisch, alles chemisch!

우리는 케미가 맞다

사람과 사람 사이의 화학반응

치실을 양치질 전에 써야 할지 아니면 양치질 다음에 써야 할지에 대해 열띤 토론을 벌이며 채소를 써는 동안, 크리스티네의 핸드폰이 기관총처럼 연달아 진동했다. 요나스가 문자 6개를 연달아 보냈다.

"헤이"

"나:)"

"아직 실험실?"

"오늘 요리할까 하는데"

"잠깐 올래?"

"데리러 갈게"

요나스는 구두점이나 띄어쓰기를 무시하고 아주 짧게 짧게 끊어서 전송 버튼을 누르는 부류다. 크리스티네가 곤혹스러운 얼굴로 나를 봤다.

"왜 그렇게 봐?" 나는 놀리듯 웃으며 덧붙였다. "한심한 치약 때문에 일어난 일이잖아!"

크리스티네 역시 피식 웃으며 대답했다. "솔직히, 치약 때문만은 아니야. 그건 그저…, 방아쇠에 불과해. 이상하게 케미가 안 맞아."

케미라는 멋진 중의적 표현에 우리는 서로 쳐다보며 다시 웃었다.

"통화하고 올게." 크리스티네가 한숨을 쉬며 부엌에서 나갔다.

설렘의 방아쇠를 당기는 호르몬, 코르티솔

'케미가 맞다'라는 표현은 참 흥미롭다. '케미', 즉 '화학'을 가장 긍정적으로 사용한 사례이기 때문이다. 사랑의 케미! 비화학자들이 무슨 생각으로 이런 표현을 사용하는지 모르겠으나 나는 사랑에서도 화학, 그러니까 과학을 전적으로 믿는다. 너무 낭만적이지 않다고? 글쎄, 정말 그럴까? 세상을 과학적으로 본다고 해서 세상의 마법이 사라진다고 생각하진 않는다.

미국 물리학자이자 노벨상 수상자인 리처드 파인먼(Richard Feynman)이 한 인터뷰에서 핵심을 정확히 찔렀다.

"예술가 친구가 있는데, 때때로 도저히 동의할 수 없는 견해를 주장하는 그런 친구죠. 예를 들어 그 친구는 꽃 한 송이를 높이 들고 말합니다. '이것 좀 봐, 정말 예쁘지?' 그러면 나는 그렇다고 합니다. 그다음 그 친구가 이렇게 말해요. '나는 예술가니까 이 꽃이 얼마나 예쁜지 볼 수 있어.

하지만 넌 과학자라 모든 걸 분해해서 보잖아. 꽃마저도 그저 그런 물질로 만들어버리지.' 내 생각에, 아무래도 그 친구의 머리에 문제가 생긴 것 같아요! 〔…〕 나는 꽃의 아름다움을 온전히 만끽할 수 있습니다. 그러나 동시에 나는 꽃에서 아름다움 그 이상의 것을 볼 수 있어요. 나는 꽃의 세포들, 겉모습만큼이나 아름다운 내부의 복잡한 과정을 상상할 수 있습니다. 그러니까 센티미터 안에 담긴 아름다움뿐 아니라 그보다 더 작은 차원, 내부 구조, 내부 과정의 아름다움도 있습니다. 진화 과정에서 꽃이 곤충을 유혹하기 위해 색깔을 갖게 됐다는 사실은 정말 흥미롭습니다. 곤충이 색깔을 볼 수 있다는 뜻이니까요. 그것은 또 다른 질문을 낳습니다. 더 단순한 생물도 아름다움을 지각할 수 있을까? 아름다움은 왜 있을까? 과학적 지식에서 나온 모든 흥미로운 물음에서 더 많은 매력, 더 많은 비밀, 더 많은 기적이 추가됩니다. 언제나 추가만 됩니다. 그런데 어떻게 과학이 뭔가를 없앤다는 건지 이해가 안 됩니다."

파인먼의 말에 모든 과학자가 열정적으로 박수를 보내며 외친다. "옳소!" 과학자가 아닌 당신도 이제 파인먼처럼 생각하기를, 나는 속으로 조용히 희망한다. 사물을 더 정확히 이해하면 그 사물이 더 매혹적으로 보인다.

또한 과학의 아름다움은 진실을 발견하는 데에만 있지 않고, 진실을 찾는 순수한 추구에도 있다. 우리가 그렇게 빨리 사랑을 과학적으로 속속들이 해명할 수 있다고는 생각하지 않는다. 그 수준에 이르려면 아직 한참 멀었다. 그러나 나는 사랑과 감정 그리고 인간관계를 과학적으로 연구하는 일이 결코 낭만적이지 못한 시도라고는 여기지 않는다.

마티아스와 나는 케미가 맞다! 연구하지 않아도 나는 자신 있게 말할 수 있다. 어쩌면 우리 둘 다 화학자이기 때문이리라. 하하하.

힘든 하루를 보내고 집으로 돌아왔을 때 마티아스가 문을 열어주면, 또는 힘든 녹화를 마치고 집에 오는 나를 마티아스가 기차역까지 데리러 오면, 나는 10년이나 함께해왔음에도 여전히 마음이 설렌다. 당신에겐 이 말이 손발이 오그라들 정도로 유치하게 들리겠지만, 설렘의 방아쇠는 사실 낭만적인 것과는 전혀 상관이 없다. 설렘은 오늘 아침 마티아스의 알람 괴물이 야기했던 것과 똑같은 메커니즘을 따른다. 바로 투쟁-도주 반응 말이다.

그건 내가 마티아스를 보면, 얼른 도망치고 싶거나 마티아스의 코에 주먹을 날려버리고 싶다는 걸까? 아니다. 만약 당신이 애인이나 배우자를 봤을 때 그런 생각이 든다면, 빨리 헤어지는 게 낫다. 그편이 둘 다에게 최선일 것이다. 그러나 사랑하는 사람에게서 느끼는 신체적 반응 역시, 비록 우리가 그것을 긍정적으로 느끼더라도, 스트레스 반응에 속한다. 사랑에 빠지면 심장이 두근거릴 뿐 아니라 코르티솔 수치도 올라간다.

오늘 아침 코르티솔과 아드레날린을 '스트레스 호르몬'으로 배운 뒤, 이제야 비로소 코르티솔의 다른 면모를 접하게 됐다. 설렘을 근거로 이제 코르티솔을 '사랑의 호르몬'이라 불러도 되지 않을까?

무대 공포증이 있는 사람이라면 이 지식을 바탕으로 공포감을 다른 각도로 봄으로써 극복할 수 있을 것이다. 무대에 서거나 낯선 사람들 앞에서 강의할 때 느끼는 두려움은 투쟁-도주 반응에 속한다. 그러나 무대에 오르기를 좋아하는 사람들은 도망치고 싶은 욕구가 아니라 오히려 설렘을 느낀다. 그렇다 해도 바탕에 깔린 화학은 똑같다.

상황은 달라도 투쟁-도주 반응에 담긴 의미는 모두 같다. 눈앞에 강의라는 과제가 닥쳤을 때, 우선순위는 당연히 강의여야 한다. 도망쳐서는 안 되는 일이다. 검치호랑이와 마주친 경우처럼, 정신을 바짝 차려야 한다. 중요치 않은 몇몇 신체 기능은 일단 뒤로 미뤄져도 괜찮다. 예를 들어 소화가 그렇다. 소화에 투입됐던 피들이 위에서 물러나고, 배가 간질간질해진다. 긴장한 사람들은 이런 기분을 싫어하겠지만, 사랑에 빠진 경우라면 아주 멋진 일일 수 있다.

실제로 내가 그렇다. 긴 하루 끝에 마티아스를 다시 보면, 내 몸이 말한다. "모두 동작 그만! 소화는 나중에 해도 되니,

모든 주의력을 저기 저 멋진 남자에게 쏟아!"

포옹이 감기를 예방한다?

신체적 · 정신적으로 고된 하루를 보낸 뒤 위로의 포옹을 나눌 수 있는 누군가가 곁에 있다는 건 대단한 행운이다. 포옹의 힘을 우리는 잘 안다. 몇 년 전 '프리허그'라고 적은 팻말을 들고 거리에서 낯선 사람들에게 포옹을 선물하는 아이디어가 등장했다. 너무 많이 사용되어서 언젠가부터 살짝 시들해진 것처럼 보이지만, 낯선 사람의 포옹임에도 환한 웃음과 기쁨이 번지는 현상은 정말로 매혹적이었다.

다른 사람을 양팔로 감싸 안으면 정확히 무슨 일이 생길까? 카네기멜런대학교의 심리학자들도 그것을 궁금해했다. 그래서 약 400명을 대상으로 세 단계의 실험을 진행했다.

- 1단계: 참가자들에게 사회적 관계망(인터넷이 아니라 실생활에서)에 관해 그리고 일상에서 느끼는 감정적 지지에 관해 물었다. 뭔가를 함께할 수 있는 친구들이 있는가? 사회적으로 소외됐다는 감정을 자주 느끼는가? 두려움과 근심을 털어놓을 믿을 만한 누군가가 있는가?
- 2단계: 2주 간격으로 저녁에 참가자들에게 물었다. 사회적 갈등을 겪었는가? 그리고 위로의 포옹을 받았는가?

여기까지는 아주 일반적인 방법이다. 그러나 이제 독특한 단계가 등장한다.

- 3단계: 참가자들에게 감기 바이러스를 주입하고 격리한 뒤 관찰했다!

대단히 공격적인 실험이다. 그런데 실험 결과가 아주 흥미로웠다. 사회적 갈등은 스트레스를(아름다운 설렘이 아니라 나쁜 스트레스를!) 줄 수 있고, 이것이 면역체계를 약화시킨다. 말하자면 스트레스를 받으면 더 쉽게 감기에 걸린다. 그러나 1단계에서 사회적 · 감정적 관계망이 튼튼하다고 응답했던 사람들은, 2주 동안 얼마나 많은 사회적 갈등을 겪어야 했든 상관없이, 감기에 확실히 덜 걸렸다. 2단계에서 자주 포옹을 받는다고 응답했던 사람들도 긍정적인 결과를 냈다.

그러니까 포옹이 감기를 예방한다고? 그렇게 단정할 단계는 아닌 듯하지만, 이에 관한 더 많은 연구를 볼 수 있으면 좋겠다. 그때까지 나는 매일 나의 단짝 곁에서 포옹을 받을 것이다.

사랑에 취하게 하는 호르몬

나는 포옹을 아주 좋아하는 사람인데, 그것은 분명 엄마 영향이다. 내가 엄마를 많이 닮아서 또는 어렸을 때 엄마가 나를 아주 많이 안아줘서 그런 것 같다. 엄마는 지금도 여전하다. 내가 부모님을 방문하면 나는 언제나 아주 많은 포옹과 뽀뽀를 받는다. 열두 살 때 베트남에 있는 외갓집에 처음 갔는데, 나는 엄마의 모든 뽀뽀와 포옹이 어디에서 왔는지 바로 알아차렸다.

우리는 비행기를 타고 아주 오래 날아갔고, 그만큼 길게 느껴지는 시간 동안 흔들리는 버스를 타고 아슬아슬해 보이는 좁은 길을 달렸다. 날이 저물었고 나는 완전히 녹초가 되어 버스에서 내렸다. 동시에 나는 나와 비슷하게 생긴 낯선 사람들에게 둘러싸였다. 그들은 히스테리로 보일 정도로 기쁨의 비명을 지르며 눈물을 흘렸다. 그들은 나를 끌어안고 내 이마에 뽀뽀를 퍼부으며 도대체 놓아주지를 않았다. 그 모든 것이 피는 못 속인다는 말과 관련이 있는 것 같다. 10대 소녀였던 당시에는 무척 창피했지만, 사실 나는 그런 스킨십을 아주 좋아한다.

대학에서 **옥시토신** 분자를 만났을 때, 나는 두 번째 깨달음을 얻었다. 이 호르몬은 분만과 수유 때 중요한 역할을 한다. 예를 들어 자궁 근육의 수축을 돕는다. 옥시토신이 사실 고대 그리스어로 '빠른 분만'이라는 뜻이다. 옥시토신은 엄마와 아기의 애착 관계를 마련한다. 또한 연인과 부부의 낭만적인 관계에서도 중요한 역할을 한다. 예를 들어 키스할 때 옥시토신이 분비된다. 옥시토신은 사회적 관계와 사랑에 관여한다. 옥시토신은 사랑스러운 별칭을 하나 더 가지고 있는데, 바로 '포옹 호르몬'이다.

아하, 그럴 줄 알았다. 외갓집 식구들은 옥시토신 수치가 아주 높을 것이다. 그러나 옥시토신 때문에, 나는 호르몬의 효력을 설명하기가 매우 어렵다는 불행한 사실을 곧 배워야만 했다.

옥시토신

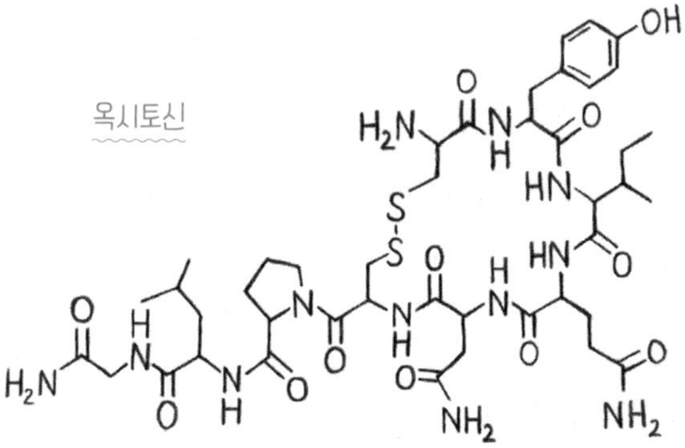

당연히 옥시토신은 내가 생각했던 것처럼 아주 아름다운 분자다. 옥시토신의 이 아름다운 화학구조는 포옹 호르몬이라는 별칭과 함께, 과학 괴짜와 괴짜의 친구들 사이에서 최고 인기를 누린다. 옥시토신 잔, 옥시토신 티셔츠, 심지어 옥시토신 목걸이도 살 수 있다. 또한 과학자들 사이에서 연구 대상으로도 인기가 높다.

1979년에 젊은 암컷 실험용 쥐에게 옥시토신을 주입한 획기적인 연구가 있었다. 이 호르몬은 쥐에게 모성애를 불러일으켰다. 쥐들이 낯선 새끼들을 마치 제 새끼인 양 돌보기 시작한 것이다. 1994년에는 옥시토신이 프레리들쥐의 짝 선택에 중대한 역할을 한다는 사실이 확인됐다. 프레리들쥐는 아주 귀엽게 생겼을 뿐 아니라(한번 검색해보라), 한 번 정한 짝과 평생을 같이 사는 몇 안 되는 포유동물에 속한다. 더 말해 뭐 하겠는가. 옥시토신은 사랑받을 가치가 충분하다.

스위스 연구팀에 따르면, 옥시토신은 신뢰감을 키운다. 연구팀은 실험 참가자들에게 '신뢰'를 바탕으로 돈을 투자해야 하는 놀이를 시켰다. 놀이 전에 옥시토신 냄새를 맡은 참가자들은 게임을 같이 하는 낯선 사람을 더 많이 신뢰했다. 독일 연구팀은 남자들이 옥시토신의 영향으로 스낵을 덜 먹는다는 것을 확인했고, 옥시토신이 '스낵 식욕'을 배고픔 없이 잠재울 수 있다고 추측했다. 배고픔을 없애주는 포옹 호르몬이라니, 비만까지 막아주는 흥미로운 테라피가 아닌가! 그러나 아직은 더 많은 연구가 필요하다.

다양한 성격을 보여주는 옥시토신

연구가 아주 다양하게 이뤄지고 있는데, 포옹 호르몬이 언제나 꽃길만 걷지는 않는다. 더 최신 연구에 따르면, 옥시토신은 좋지 않은 기억을 강화할 수 있다고 한다. 첫 키스처럼 아름다운 기억이든, 사랑하는 사람을 잃은 슬픔이나 두려움 같은 나쁜 기억이든 옥시토신은 사회적 상호작용의 기억을 강화하는 것 같다.

네덜란드 심리학자들의 관찰 결과에 따르면 옥시토신은 인간관계를 강화하지만, 동시에 집단적 사고와 배타적 태도 또한 강화할 수 있다. 공감과 연민은 우리에게 인간적으로 행동하게 하지만, 동시에 우리는 옥시토신의 영향으로 외부 사람보다 자신과 비슷한 사람에게 더 많이 공감한다.

최신 연구 결과로 보면, 옥시토신을 포옹 호르몬이라고 말하기는 어려울 것 같다. 옥시토신이 사회적 태도와 상호 관계에 미치는 영향력에는 논란의 여지가 없다. 다만, 긍정적인 영향도 있고 부정적인 영향도 있다. 옥시토신의 작용은 대략 다음과 같다.

일상에서 쏟아지는 온갖 신호와 자극과 정보 중에서 몇몇 사회적 정보를 차단한다. 그래서 크리스티네와 내가 대학 식당에 마주 앉았을 때, 크리스티네가 근심에 싸여 있더라도 나는 그것을 알아차리지 못한 채 아무 생각 없이 앉아 있을 수 있다. 말하자면 옥시토신은 이어폰의 소음차단 기능과 같다. 옥시토신은 무엇보다 GABA(감마 아미노낙산)라는 신경전달물질을 분비하여 신호를 차단한다(이 물질에 관해서는 다음 장에서 자세히 다룰 예정이다). 이런 물질은 쓸데없는 소음들을 차단해서, 우리가 사회적 자극과 정보에 더 주의를 기울이게 한다.

그런 이유에서 옥시토신이 자폐증 치료제로 연구되고 있다. 일반적으로 자폐증 환자들은 쏟아지는 사회적 정보들을 정렬하는 데 어려움을 겪는다. 예를 들어 표정에서 감정을 읽지 못한다. 그러나 지금까지 모든 연구는 실패했다. 실험의 재현 가능성이 너무 낮거나 반복된 투약에서 아무 효력이 없었다. 그러나 원래 옥시토신 수치가 아주 낮은 몇몇 자폐증 환자에게는 옥시토신 주입이 도움이 될 가능성이 아주 크다.

흥미롭게도 옥시토신과 알코올의 공통점이 점점 더 많이 발견된다. 먼저 겉으로 드러나는 효과가 똑같다. 옥시토신뿐 아니라 알코올도 두려움과 스트레스를 줄이고 신뢰와 관대함을 늘린다. 공격성, 위험을 무릅쓰는 무모함, 자기 집단을 무한 긍정하는 경향 등 둘의 어두운 부분까지도 똑같다.

그리고 두 분자의 신경학적 효력 역시 놀라우리만치 일치한다. 비록 메커니즘은 다르지만, 알코올 역시 신경전달물질 GABA의 차단 효과를 강화한다. 영어 표현 'love drunk', 그러니까 '사랑에 취했다'라는 표현이 어쩌면 이런 이유에서 생긴 게 아닐까 싶다.

요나스와 통화를 마치고 돌아온 크리스티네는 사랑에 취해 있지 않았다. 그래서 나는 그녀에게 위로의 포옹을 해줬다. 혹시라도 포옹으로 부족할까 싶어 포도주도 조금 더 따라 주었다.

유튜브 스타
과학자의 하루
Komisch, alles chemisch!

원자들이 진동하고, 분자들이 춤을 추는 저녁 파티

모두가 화학에 매료되기를

우리는 배도 부르고 기분도 좋다. 그럼에도 식탁을 떠나지 않고, 오븐에서 부풀고 있는 퐁당오쇼콜라를 기다리며 계속 포도주를 홀짝인다. 하지만 내 잔에는 포도주가 아니라 물이 담겨 있다. 나는 술을 마시지 않는다. 내 몸이 알코올을 분해하지 못하기 때문이다.

동남아시아인 30~40퍼센트가 유전적으로 술을 못 마신다. 아주 조금만 마셔도 얼굴이 빨개지고 만취 상태가 될 수 있다. 그럼에도 그냥 술을 마시는 사람들이 아주 많다. 중국에 사는 한 독일인 친구는 '애주가'로서 얼마나 힘든 나날을 보내는지 종종 소식을 전해오곤 한다. 회식 때마다 중국인 동료들에게 과음을 강요받는다는 것이다. 나처럼 술을 못 마시면서도 이 철없는 어른들은 마치 그럴 수밖에 없는 것처럼 거의 혼수상태가 될 때까지 술을 마신다.

그러면서도 마티아스와 나는 손님을 초대하면 언제나 술이 부족하지 않게 신경 써서 넉넉히 준비해둔다. 초대자로서 우리가 할 수 있는 일이 그것 말고 또 뭐가 있겠는가.

술 역시 독성이 있는 물질이다

화학자인 나는 술을 철저히 물질로 이해한다. 술은 특정 알코올, 즉 **에탄올**이다. 모든 알코올에는 공통점이 있다. 강도의 차이가 있을 뿐, 독성이 있다는 것이다. 독성뿐 아니라 그것을 분해하는 과정에서 생기는 부산물도 문제다. 알코올의 일반적인 분해 과정이 곧 산화인데, 먼저 알데히드로 분해되고 그다음 카복실산으로 분해된다. 이런 산화가 없었더라면 탄소 하나가 더 짧은 동생 **메탄올**이 형 에탄올보다 독성이 약했을 테지만, 메탄올은 실명을 유발할 수 있는 폼알데하이드로 산화한다. 그리고 소독약으로 흔히 쓰이는 알코올인 아이소프로판올은 호흡곤란과 혈액순환 장애를 유발할 수 있다.

모든 알코올에는 치사량이 있다. 다른 알코올과 비교해서 에탄올은 상대적으로 관대하게 볼 수 있지만, 그것 역시 특정 용량까지만이다. 몸에는 에탄올 중독사를 막아주는 방어체계가 있다. 바로 구토다. 그러나 혼수상태에서 토하면 토사물이 기도를 막을 수 있으므로 역시 위험하다.

설령 혼수상태가 될 때까지 마시지 않더라도 알코올은 몸에 해롭다. 알코올은 간에서 분해된다. 독성 물질을 해독하는 일이 간의 임무다. 그래서 과음은 간에 부담을 주고 해를 끼칠 수 있다. 이것은 건강을 해치는 긴 목록 중 하나에 불과하다. 만약 술을 절제한다면 심장과 소화계 역시 고맙게 여길 것이다. 더욱이 만취 상태에서 내리는 나쁜 결정에 대해서는 굳이 말하지 않아도 알 것이다.

그래서 나는 알코올 분해 능력이 없다는 걸 축복으로 여기고 있으며, 나의 이런 유전자를 자식들에게도 물려주고 싶다. 못된 엄마처럼 들릴 수도 있겠지만, 술을 못 마시면 잃는 것도 없다. 그런데도 많은 이들이 나를 가엾어한다.

나를 가엾게 여기지 않아도 되고, 그럴 필요도 없다. 나의 변이된 유전자는 대단히 매력적이기 때문이다. 그것을 이해하려면 먼저 에탄올이 몸에서 정확히 무슨 일을 하는지 알아야 한다.

에탄올은 우리 몸에서 어떤 일을 할까?

에탄올은 알코올탈수소효소, 줄여서 ADH라고 불리는 효소의 도움으로 **아세트알데히드**라는 물질로 산화한다. 그리고 건강 면에서 보면 아세트알데히드는 적어도 에탄올만큼 나쁘다. 이것은 돌연변이를 유발한다. DNA를 훼손하고 암을 유발할 수 있는 물질이다. 음주와 다양한 암의 연관성이 계속 밝혀지는 까닭도 분명 아세트알데히드에 있을 것이다.

그러므로 몸은 이 유해 물질을 가능한 한 빨리 분해하려 애쓴다. 대사 과정에서 아세트알데히드는 계속 산화하여 **아세트산**, 더 정확히 말하면 **아세테이트**(아세트산염)가 된다. 아세테이트 단계에서 비로소 위험이 사라지고, 몸은 이것을 문제없이 배출하거나 계속 작업하여 에너지로 바꿀 수 있다. 사실 술은 칼로리가 아주 높다.

아세트알데히드에서 아세테이트로 분해되는 이런 산화에는 두 번째 효소가 필요하다. 유럽인 대부분이 가진 이 효소의 이름은 알데히드탈수소효소 2, 줄여서 **ALDH2**다. 나를 비롯한 여러 동남아시아인과 몇몇 비동남아시아인은 이 ALDH2 효소가 약간 다르게 생겼는데, 그것이 아주 큰 문제를 일으킨다.

이 문제를 이해하기 위해서는 먼저 효소의 일반적인 생김새부터 알아야 한다. 지금까지 우리는 이미 여러 곳에서 효소를 다뤘지만, 알코올을 다루는 지금이야말로 효소의 몇몇 중요한 세부 내용을 살필 절호의 기회다.

효소는 단백질이다. 그러니까 아미노산으로 이루어져 있다. 아미노산은 주로 탄소, 산소, 수소, 질소로 구성된 작은 분자다. 우리 몸이 단백질을 형성하는 데 사용하는 아미노산은 총 20가지다.

다음 그림들이 어쩌면 약간 어지러워 보일 수 있다. 그러나 우리 몸의 모든 단백질이 오로지 이 20개의 벽돌로만 건축되고, 이 단백질들이 우리 몸의 대부분 생물학적 · 화학적 과정을 조종한다는 사실을 생각해보라. 20개는 놀라울 정도로 적은 수다.

아미노산들이 아주 긴 사슬로 연결되어 하나의 단백질을

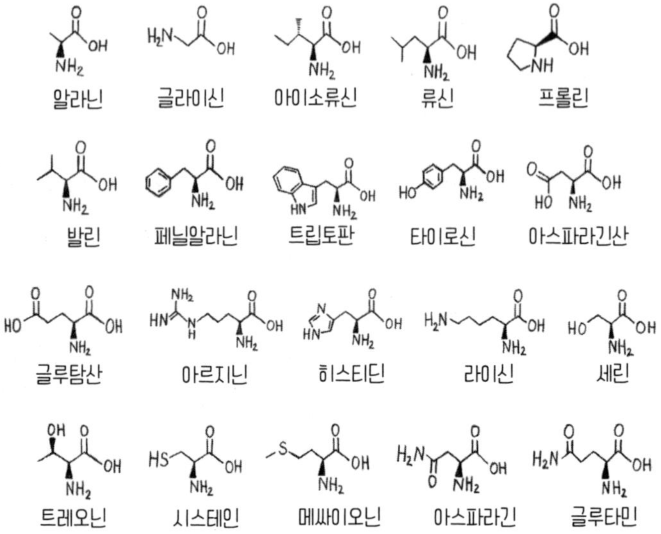

알라닌 글라이신 아이소류신 류신 프롤린

발린 페닐알라닌 트립토판 타이로신 아스파라긴산

글루탐산 아르지닌 히스티딘 라이신 세린

트레오닌 시스테인 메싸이오닌 아스파라긴 글루타민

만든다. 예를 들어 ALDH2 효소는 아미노산 500개가 특정 순서로 줄줄이 연결된 사슬 1개다. 이 사슬은 그냥 마구 엉켜서 널려져 있지 않고, 종이접기처럼 정확한 순서로 가지런히 잘 접혀 있다. 물 분자처럼 이 사슬은 또한 사슬의 다른 부분과 수소결합을 할 수 있고, 그것에 맞게 사슬이 접힌다. 언뜻 모든 것이 마구 엉켜 있는 실타래처럼 보인다. 그러나 아미노산의 종류나 순서와 상관없이 모든 단백질에는 아주 특징적인 3차원 구조가 있고, 이런 입체적 구조가 그 기능을 결정한다.

매일 단백질을 취급하는 과학자들에게도 이 모든 것이 매우 복잡하다. 과학자들은 혼동을 막기 위해 단백질의 구조를 여러 측면으로 나눈다. 이른바 **1차 구조**는 사슬의 화학적 구성이다. 1차 구조에서는 오로지 아미노산의 순서, 즉 벽돌의 차례만 관찰한다. 이 사슬이 꺾이고, 접히고, 겹쳐지고, 감긴 방식을 2차, 3차, 4차 구조라 부른다.

어떤 면에서는 레고 탑 쌓기를 닮았다. 어떤 레고블록을 어떤 순서로 쌓았느냐만 보면, 1차 구조에 해당한다. 탑의 입체형을 보면, 상위 구조에 해당한다. 그러나 레고에 비유하는 건 단백질을 너무 단순히 취급하는 것이다. 레고 탑에서는 노란색 블록 하나를 초록색 블록으로 쉽게 교체할 수 있고, 그렇게 하더라도 탑은 여전히 탑이다. 또한 탑의 형태를 바꾸지 않고 블록 2개를 서로 교환할 수도 있다. 하지만 아미노산은 아주 정교한 블록이라 1차 구조의 작은 변형이 상위 구조에 막대한 영향을 미칠 수 있다.

술을 마시면 얼굴이 빨개지는 이유

아주 좋은 사례가 나의 '고장 난' ALDH2 효소다. 아미노산 500개가 달린 긴 사슬에서 나는 487번 자리의 아미노산이 보통과 다르다. 단 1개가 바뀐 것이다. 이 작은 아미노산이 효소 내부의 수소결합을 바꾸고 결국 상위 구조를 바꾸었다. 그 결과 나의 효소는 아세트알데히드를 분해하지 못한다. 한마디로 고장 난 효소다.

고장 난 효소라고 해서 아세트알데히드를 아세트산으로 전혀 산화하지 못하는 건 아니지만, 그 속도가 아주아주 느리다. 그래서 포도주 몇 모금만으로도 아세트알데히드가 몸에 쌓인다. 몸은 이것을 아주 싫어해서 구역질과 빠른 맥박으로 반응하고, 피부, 특히 얼굴을 잘 익은 꽃게처럼 빨갛게 만든다. 청소년 시절 처음 술을 마셨을 때, 나는 술에 알레르기가 있다고 생각했었다. 당신도 알다시피 이런 홍조 반응을 '아시안 플러시'라고 한다. 그것만으로도 내가 술을 마시지 않을 이유로 충분하지 않겠는가.

그러나 딱 한 번, 만취 상태에 이른 적이 있다. 나는 카니발의 도시 마인츠에서 대학을 다녔다. 마인츠에서 카니발은 말짱한 정신으로 버티기 힘든 행사다. 평소 같으면 주변 사람들이 모두 취했을 때 나만 말짱한 상태여도 나는 아무렇지도 않다. 게다가 나는 주말이면 음주 외에 딱히 할 일이 없는 전형적인 소도시에서 자란 터라 그런 상황에 익숙하다. 그러나 카니발 기간은 차원이 다르다. 말짱한 정신으로는 도저히 버틸 수가 없다. 사람들이 내게 왜 카니발을 좋아하지 않느냐고 물을 때 내가 술을 마시지 못해서 그렇다고 대답하면, 모두가 고개를 끄덕이며 말한다. "저런, 나라도 싫겠네요. 술 없이는 정말 끔찍하죠." 말짱한 정신으로는 버틸 수 없다고 이구동성으로 말하는 상황이니 카니발에 대해 더 무슨 말을 할 수 있겠는가.

첫해에는 카니발 시즌 내내 마인츠 밖으로 피신해 있었던 나는 최소한 카니발의 핵심이랄 수 있는 로젠몬탁 하루만이라도 같이 즐기기로 마음먹었다. 그래서 이듬해에는 친구들 틈에 끼어 로젠몬탁 아침 퍼레이드를 보고 몇 시간에 걸친 대낮의 술판과 춤판을 구경한 뒤, 이른 저녁에 실수로 술꾼들로 가득한 술집에 들어갔다. 지금 돌이켜보면, 그들은 지금의 나 정도 나이였던 것 같다. 당시 나는 스무 살이었다. 그 술꾼들은 목청 좋게 옛날 노래를 불렀다. "내 머리에 양파 하나 달렸네, 나는 케밥이라네." 아차 싶었지만 입장료를 10유로나 내고 들어간 터라 그냥 돌아서 나올 수는 없었다. 대학생에게 10유로면 꽤 많은 돈이었다. 나는 꼼짝없이 덫에 걸렸다! 그래서 때가 됐다고 생각했고 만취를 결정했다.

그런데 만취한다는 게 생각처럼 그렇게 간단하지 않았다. 나는 다양한 술을 시험해보았지만 한 모금을 마신 뒤 곧장 친구들에게 잔을 넘겼다. 참을 수 없이 역겨운 맛이었기 때문이다. 어차피 술은 에탄올의 유기적 용해제이므로, 정확히 에탄올 맛이 나는 것 같았다.

도수가 높은 술을 넘기자마자 목이 타들어 가듯 아팠다. 에탄올이 열 감지 수용체와 결합하기 때문이다. 고추에 든 캡사이신 분자가 활성화하는 바로 그 수용체다. 이 수용체는 뇌에 뜨거운 감각을 전달하고, 뇌는 그것을 통증으로 이해한다. 캡사이신은 직접적인 열을 흉내 내지만, 에탄올은 그저 열 감지 수용체를 더 예민하게 만든다. 한계온도를 낮춰서 열 감지 수용체가 보통 체온을 갑자기 뜨겁게 느끼고, 그래서 혀가 타는 듯한 기분이 든다. 그러나 이런 기분은 무시해도 되므로 나는 다시 취하기 위해 시도했다.

30분 정도에 걸쳐 몇 모금을 더 마셨을 때(모두 합해도 반병이 채 안 된다) 시원한 공기가 다급하게 필요했다. 찬 공기를 들이마시자마자 정신을 차리고 보니, 세상에나 내가 문턱에서 토해버린 게 아닌가. 그 뒤로 나는 기분이 아주 좋아졌고, 이제부터 진짜 시작이라고 힘차게 외쳤다! 그러나 10분도 채 지나지 않아 집에 가고 싶어졌다. 친구들이 키득거리며 나를 집으로 데려다주었다. 나 혼자서는 걸을 수조차 없었기 때문이다. 나는 집에서 또 토했다. 7시에 나는 마침내 침대에 누웠다.

알코올 분해효소가 제대로 기능하지 않으면 대략 이런 일을 겪게 된다.

만취의 화학적 메커니즘

술은 자기를 낳아준 효모에게도 독이다. 효모는 발효 과정에서 설탕과 탄수화물을 먹고 에탄올을 낳는다. 그러나 알코올 농도가 15퍼센트를 넘으면 효모세포에게 아주 불편해진다. 그리고 결국 효모는 자신의 대사산물 때문에 죽는다. 정말 비극적인 일 아닌가! 그래서 도수가 높은 술은 증류 방식으로만 생산한다. 증발과 액화를 거쳐 알코올이 고농도로 농축된다.

비록 내가 편안한 취기를 누릴 수 없더라도, 말짱한 정신으로 만취한 사람들을 지켜보는 일 역시 대단히 흥미롭다. 사실, 통제되지 않는 만취자들의 모임은 불안불안하다. 그러나 우리는 천년 넘게 알코올이라는 마약에 내성을 갖춰왔고, 술과 관련된 모든 일에 익숙해졌다. 화학적으로 유발된 다른 모든 도취 상태를 우리가 얼마나 끔찍히 여기는지를 생각하면, 술에 대한 이런 관대한 태도는 정말로 흥미롭다. 하지만 솔직히 말하면 포도주가 있는 저녁이, 없는 저녁보다 확실히 즐겁다. 그것만은 인정할 수밖에 없다.

특히 공룡에게 술이 잘 맞는 것 같다. 그는 약 두 시간 전부터 아주 멋진 유머들을 선보이고 있다. 말짱한 상태에서는 절대 입 밖에 꺼내지 않았을 농담들을 스스럼없이 한다. 도대체 왜 그럴까? 이 에탄올 분자가 우리 몸 안에서 정확히 무엇을 하길래, 우리가 갑자기 자신감을 얻고 더 활달해지는 걸까? 술에 취하는 화학 과정을 살펴보자.

에탄올은 위와 소장에서 흡수되어 혈관으로 들어간다. 혈관을 통해 대부분은 간으로 보내져 그곳에서 효소에 의해 분해된다. 극히 일부가 폐에서 아세트알데히드로 분해되어 그 유명한 '알코올 깃발'을 흔든다. 입에서 불쾌한 술 냄새가 풍기는 것도 그 때문이다. 주변 사람에게는 불쾌한 일이지만, 경찰에게는 편리한 음주측정기다. 이 모든 과정은 알코올을 최대한 빨리 몸에서 없애기 위한 신체의 똑똑한 조치다.

그러나 우리의 몸은 대개 평균 음주 속도를 따라잡지 못하고, 미처 처리되지 못한 에탄올이 혈관을 타고 뇌로 간다. 그리고 이제 정말로 재미있는 일이 벌어진다.

알코올은 뇌에서 진정제나 마취제와 비슷하게 작용한다. 만취한 사람들이 고성방가를 하고 탁자 위에 올라가 춤을 추는 걸 생각하면, 이 말이 이상하게 들릴 것이다. 하지만 신경학적으로 보면 알코올은 정말로 마비 효과를 낸다. 정확히 말하면 신경세포의 소통을 방해한다. 신경세포들은 신경전달물질을 통해 소통한다. 세로토닌은 7장에서 소개했으니, 여기서는 다른 두 가지 신경전달물질을 소개하고자 한다.

글루타메이트 또는 **글루탐산**이라 불리는 분자를 우리는 앞에서 이미 만났었다. 단백질을 형성하는 20가지 아미노산에 속한다. 그러나 글루타메이트는 신경전달물질 기능도 하는데, 이른바 **흥분성 신경전달물질** 기능을 한다. 글루타메이트가 수용체와 결합하면 신경세포의 소통이 활발해지고, 신호들이 더 많이 전송된다.

글루타메이트의 적수는 감마 아미노낙산, 줄여서 **GABA**라고 부르는 **억제성 신경전달물질**이다. 앞서 본 옥시토신이 이것의 분비를 자극한다. GABA가 수용체와 결합하면 신경세포의 소통이 억제되고 신호들이 더 적게 전송된다.

앞에서 뇌 수용체에 대해 잠깐 언급한 적이 있다. 주차구역

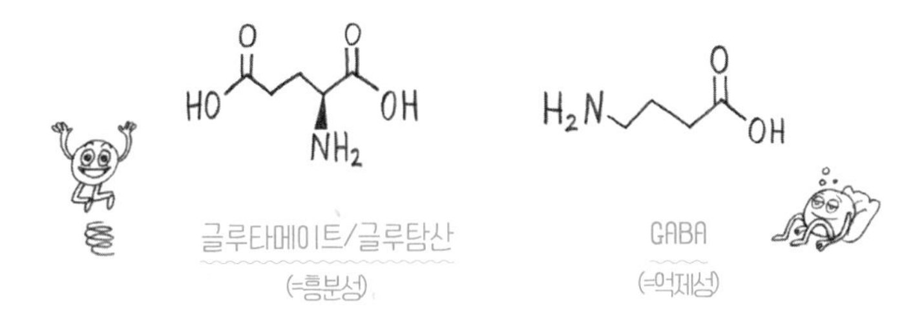

비유를 기억할 것이다. 이제 그것을 술과 취기의 맥락에서 조금 더 자세히 살펴보자. 우리 몸에 있는 수많은 것과 마찬가지로 수용체들도 단백질로 이루어졌다. 수용체를 일종의 터널이나 운하로 상상할 수 있다. 평소 닫혀 있다가 딱 맞는 신경전달물질이 오면 아주 잠깐 문이 열려 나트륨 이온, 칼륨 이온, 칼슘 이온, 염화 이온 같은 이온들이 통과할 수 있다. 핸드폰 배터리에서와 비슷하게, 이런 전하들의 이동을 통해 전압이 생기고 신경세포가 전기 신호를 보낼 수 있다. 이 이온들이 양전하, 즉 양이온이면 신경세포가 신호를 전송한다. 글루타메이트 수용체가 하는 일이다. 반면 이온이 음전하, 즉 음이온이면 신호가 억제된다. GABA 수용체가 하는 일이다.

그러나 이제 에탄올이 등장하여 모든 것을 뒤죽박죽으로 만든다. 말하자면 에탄올 분자는 글루타메이트 수용체와도 반응하고 GABA 수용체하고도 반응한다. 글루타메이트 수용체는 이온 흐름을 억제한다. 알코올 때문에 글루타메이트의 흥분 효과가 낮아지고 신경세포들은 신호를 적게 보낸다. 반대로 GABA 수용체는 운하를 오래도록 열어두어 이온들을 더 많이 통과시킨다. GABA의 억제 효과가 알코올 때문에 강화되므로, 결과적으로 신경세포들이 신호를 더 적게 보낸다. 따라서 알코올은 머릿속에서 이중으로 우리를 느리게 만든다.

이제 알코올이 어떻게 우리를 탁자 위에서 춤을 추며 고래고래 노래를 부르게 하는지 이해가 되는가? 뇌의 활동성이 떨어져 무엇보다 사회적 두려움이 억제되고 자제력이 약해진다. 또한 운동계의 능력도 떨어진다. 신경이 서로 소통을 덜 하면, 똑바로 걷기 같은 단순한 동작조차 제대로 하지 못한다. 혀 꼬부라진 소리를 내기 시작하고 반응이 아주 느려진다. 뇌가 조는 동안 우리는 종종 아주 어리석은 결정을 내린다. 만취한 경험이 있다면, 이것을 확인해줄 만한 에피소드가 틀림없이 있을 것이다. 만취 상태에서 우리는 전반적으로 적게 생각하고, 적게 인지하고, 적게 기억한다.

평소 억제 효과를 내는 GABA는 매우 중요한 신경전달물질이다. 우리에겐 당연히 활발한 뇌세포가 필요하다. 두말할 필요 없는 자명한 사실이다. 그러나 많다고 무조건 좋은 건 아니다. GABA는 정보를 분류하고 자극 속에서도 평정심을 유지하도록 돕는다. 억제 효과가 없으면 우리는 명료하게 사고하기 힘들고, 범람하는 자극에 익사하고 말 것이다. 그래서 간질 환자에게 GABA 함유량이 높은 약을 처방하는 것이다.

그런데 혹시, 줄어든 뇌 활동성 덕분에 만취한 사람이 아주 명료하게 사고할 수 있지 않을까? 물론 확률은 대단히 낮겠지만 나는 가끔 이런 생각을 하곤 했다. 만취한 사람이 한 가지 아이디어나 지식을 계속해서 반복하는 걸 보면 적어도 그 한 가지만큼은 아주 명료하게 사고한다는 증거가 아닐까?

알코올이 뇌에 미치는 영향은 여기서 끝나지 않는다. 에탄올은 특히 멋지고 동시에 음흉한 신경전달물질, **도파민**의 분비를 촉진한다. 도파민의 임무 영역은 매우 넓다. 움직임, 학습, 주의력, 감정이 도파민과 연관이 있다. 도파민은 보상체계의 중심에 있다. 우리에게 기쁨을 주는 어떤 행위를 할 때마다 도파민이 분비된다. 그리고 우리는 그것을 갈수록 더 많이 원한다. 과도한 도파민 분비는 즉흥적인 행동과 중독 태도를 유발하고, 심지어 정신분열에도 중대한 역할을 한다.

도파민이 일단 분비되면, 행복의 도취가 사라지지 않기를 바라게 되고 자제력이 약해져 계속해서 포도주를 잔에 따르게 된다. 만약 자제력을 담당하는 뇌 부위가 알코올을 통해 이미 마비됐다면, 상황은 특히 더 심각해진다. 그러면 다음 날 과음한 걸 후회하게 되는 일이 발생한다.

배 속에 양조장이 있는 남자

마티아스, 크리스티네, 토르벤은 취하지 않았다. 그저 살짝 기분이 들떴을 뿐이다. 게다가 우리는 배부르게 잘 먹어 위가 가득 찬 상태다. 에탄올은 위와 소장을 통해 혈관에 도착하므로,

가득 찬 위가 에탄올 흡수 속도를 늦출 수 있다.

단, **자동 발효 증후군**(Auto-Brewery Syndrome)을 앓는 사람은 예외다. 아주 놀라운 증후군인데, 의학 사례 보고가 많지 않지만 그중 하나를 소개하겠다.

이 이야기는 2004년 발 수술 후 항생제 치료를 받은 한 중년 미국인에게서 시작된다. 그는 수술을 받고 나서 갑자기 술이 아주 약해졌다. 맥주 두 병에 만취 상태가 됐다. 그뿐 아니라 술을 전혀 마시지 않았는데도 때때로 저절로 취하는 느낌이 들었다. 간호사인 아내가 그의 혈중 알코올 농도를 기록하기 시작했는데 0.3퍼센트가 예사였다. 독일에서는 0.11퍼센트부터 면허정지이고, 0.03퍼센트부터 음주운전으로 본다. 이 남자는 아주 큰 난관에 봉착했다. 부부는 원인을 알 수 없었고, 초콜릿이나 그 비슷한 곳에 숨었을 알코올을 찾아봤지만 결국 찾지 못했다. 남편이 몰래 숨어서 술을 마셨을 거라고 아내가 의심하지 않은 걸 보면, 신뢰가 아주 깊은 부부였나 보다.

2009년에 이 남자는 결국 응급실에 실려 갔다. 혈중 알코올 농도가 위독한 수준인 0.37퍼센트였다. 그는 술을 전혀 마시지 않았다고 주장했지만 의사들은 전혀 믿지 않았고, 그가 알코올 중독자라고 확신했다.

1년 뒤에 이 남자는 장 내시경을 하러 병원에 다시 왔다. 이때 의사들이 장에서 아주 기이한 것을 발견했다. **사카로미세**

스 세레비시아, 즉 이스트 또는 맥주효모로 잘 알려진 효모균이었다. 이름이 말해주듯, 맥주효모는 맥주를 발효할 때 쓴다. 그런데 이 효모균이 인간의 소화계 안에서 그대로 살아남은 것이다. 일테면 이 남자의 배 속에 양조장이 있는 셈이다.

의사들은 철저히 조사했다. 2010년 4월에 이 미국인은 24시간 동안 병원에 입원해 양조장 배를 검사받았다. 당연히 간호사들이 이 환자를 철저히 감시했다. 혹시 후송할 때 술을 몰래 반입하지는 않았는지, 여전히 의심했다. 의사들은 이 남자에게 설탕물을 주고 다양한 탄수화물이 함유된 간식을 제공했다. 그런데 정말로! 오후가 되자 이 가련한 남자는 만취 상태가 됐다. 혈중 알코올 농도가 0.12퍼센트였다. 그의 맥주효모가 탄수화물을 에탄올로 바꾼 것이다. 이 현상에 안성맞춤인 이름이 지어졌다. 바로, '자동 발효 증후군'이다.

이런 사례는 아주 희귀해서 개별 사례 외에 정확한 과학적 연구 자료는 없다. 내가 아는 한, 이 남자는 다시 무탈하게 잘 지낸다. 살균치료와 저탄수화물 식이요법으로 문제를 제어할 수 있게 됐다.

화학도 취미가 될 수 있다

"마이." 공룡이 나를 불렀다. "정말 대단해. 네가 하는 일 말이야. 사람들이 화학에 감탄하게 하잖아. 그런데… 약간 비판적인 얘기를 해도 될까?"

크리스티네가 긴장해서 몸을 앞으로 숙였다. 농담으로 초석을 깔더니 이제 비판적인 얘기를 꺼낸다. 술은 정말로 기적을 보여준다.

"젊은이들을 맹목적으로 부추겨선 안 돼!" 토르벤이 힘주어 말했다. "모두가 화학을 공부하겠다고 나서면 어떡해? 그건 비극이라고!"

우리는 웃었지만 토르벤은 진심을 담아 한 말이고, 사실 진지하게 생각해야 할 부분이다. 그의 의도를 조금 더 상세하게 설명해보겠다.

화학에 매료시키기. 내가 신념을 가지고 추구하는 목표 중 하나다. 나는 행복한 소식이나 댓글을 많이 받는다. 젊은 친구들이 쓰기를, 그들은 지금까지 자연과학에(화학은 두말할 것도 없고) 흥미를 느껴본 적이 단 한 번도 없었는데 내 동영상을 본 뒤로 흥미가 생겼다고 한다. 과학과 관련된 직업교육이나 대학 공부를 시작하게 됐는데, 영감이나 동기를 준 사람으로 나를 지목한 친구들도 있다. 그런 소식들은 내게도 커다란 영감과 동기를 준다.

그런데 나는 도대체 왜 이 일을 할까?

"MINT가 더 많이 필요하다!" 이런 얘기가 자주 들린다. MINT는 수학(Mathematics), 컴퓨터정보학(Information Sciences), 자연과학(Natural Sciences), 기술(Technology)을 뜻한다. 그러니

까 내가 보기에 재미있는 모든 것이다. 그런 MINT 영역의 전문인력이 부족하다고들 한다. 그러나 전문인력 부족은 그다지 설득력 있는 동기부여 논리가 못 된다. 또한 노동시장의 상황은 계속해서 바뀔 수 있다. 독일에서는 몇 년째 매년 1만 명이 넘는 대학생이 화학을 전공으로 택하고 있다. 2017년에는 1만 1,000명 이상이 화학 전공을 택했는데, 지금까지 그렇게 많았던 적이 없었다. 그리고 그해에 2,000명이 넘는 화학 전공자가 박사학위를 받았다. 화학산업계가 앞다퉈 직업교육생을 모집하지만, 화학박사는 부족한 전문인력에 속하지 않는다.

"무조건 화학 직업교육이나 화학 전공에 흥미를 느끼게 하려는 게 절대 아니야." 내가 항변했다. "그건 내 진짜 미션의 부작용일 뿐이라고."

"마이의 미션!" 마티아스와 크리스티네가 동시에 외치고는 웃음을 터트렸다.

둘은 때때로 내가 '미션'을 수행하는 거라며 약간 나를 추켜세운다. 미션이라는 말이 조금 거창하게 들리기도 하고, 내 취향에 맞춰 봤을 때도 사실 너무 진지하다. 그러나 나는 현재 미션을 진지하게 수행하고 있으며, 둘은 행동으로 나를 지원한다.

전문인력이 부족하기 때문에 MINT가 더 많이 필요하다고 누군가가 말한다면, 그것은 짧은 생각인 것 같다. MINT 전문인력이 더는 부족하지 않다면, 젊은 친구들이 더는 MINT에 감탄할 필요가 없다는 뜻이기 때문이다. 이 논리대로라면, 현재 화학박사들이 노동시장에 아주 많으니 더는 화학에 매료될 필요가 없다. 당연히 이것은 헛소리다.

우리에겐 MINT가 더 많이 필요하다. 수학 · 컴퓨터정보학 · 자연과학 · 기술이 우리 삶에서 아주 중요하고, 그래서 그것에 관한 중요한 지식을 알아야 하기 때문이다. 그러나 그것을 위해 꼭 대학에서 전공해야 하는 건 아니다.

학교에서 과학 과목으로 화학을 선택했든 아니든 상관없다. 물리학이 화학보다 더 쿨하다고 생각하더라도 괜찮다. 목공 예술가가 되거나 예술사를 전공해도 상관없다. 얼마나 멋진 일인가! 화학도 축구나 기타 연주처럼 취미가 될 수 있다. 모두가 화학에 대해 더 많이 알아야 한다!

단지 더 많이 알고 싶어서 화학을 공부한다면, 나는 반대다. 당신은 이 책에서 많은 것을 배웠다. 입자 모형과 열역학, 껍질 모형과 옥텟 규칙, 화학결합과 수소결합, 산화와 환원, 신경전달물질과 호르몬, 계면활성제와 불화물, 테오브로민과 카페인…. 나는 완전히 다른 화학 사례들로 나의 하루를 처음부터 다시 설명할 수 있다. 생물학이나 물리학으로도 나의 하루를 설명할 수 있다. 당신이 과학 '스피릿'에 감염되기만 했다면, 이 책에서 세부적으로 무엇을 얻느냐는 전혀 중요하지 않다. 과학 스피릿을 널리 퍼트리는 것이 나의 진짜 미션이다. 나는 이 미션을 위해 화학이라는 무기를 택했지만, 무기는 화학 이외에도 아주 많다. 모든 과학은 같은 스피릿으로 하나가 된다.

애석하게도 내가 '스피릿'으로 이해하는 그것을 표현할 적당한 독일어 단어가 없다. 그래서 그것이 무엇인지 잠깐 설명할 필요가 있을 것 같다. 나는 다음과 같은 의미로 과학 스피릿이라는 단어를 썼다.

첫째, 세계를 당연하게 바라보지 않는다. 마치 처음인 것처럼 세계를 관찰하고, 익숙한 것에서 신기한 것을 찾아낸다. 과학 스피릿은 매일 마시는 커피를 손에 들고 "음, 모두 분자야. 멋져"라고 확인하는 순간을 가리킨다.

둘째, 사물 내부의 아름다움을 알아본다. 리처드 파인먼의 눈으로 꽃을 보고, 모든 새로운 과학적 지식에 질문을 더하고, 기적을 더 많이 만들고, 아름다움을 더 많이 추가한다.

셋째, 무작위 대조 시험을 기뻐한다. 우리의 사적인 기대가 언제나 비판적 사고를 흐리게 한다는 걸 잘 알기 때문에 연구자들은 무조건 대조 시험을 한다.

넷째, 충족되지 않는 호기심 갈증을 느낀다. 세계에서 가장 강한 악취를 풍기는 분자조차 그 호기심을 막을 수 없다.

다섯째, 복합성을 기뻐하고 단순한 대답을 거부한다. 자신을 위해 화학을 발견하고 화학적 연관성을 이해하는 것이 즐거운 사람은, 자신의 삶과 일상을 풍부하게 하는 데서 그치지 않는다. 당연한 결과로, 복합성의 매력도 발견하게 된다.

여섯째, 숫자와 사실을 사랑한다. 자신의 편견을 인식하고, 사실이 요구한다면 언제든지 사적인 견해와 비판적 시각을 바꿀 수 있는 준비 자세도 여기에 속한다. 사적인 견해와 사실을 똑같은 무게로 취급해선 안 된다.

나는 정치 토론을 보다가 머리를 움켜쥐며 속으로 물을 때가 있다.

"감정적인 동시에 객관적일 수는 없는 거야?"

몇몇 과학자 동료를 볼 때도 속으로 묻는다.

"객관적인 동시에 열정적일 수는 없는 거야?"

객관성이 곧 무감정은 아니다. 나는 열정적 객관성을 원한다!

"위하여!" 크리스티네가 잔을 높이 들며 외친다. "넘치는 열정적 객관성을 위하여!"

"넘치는 열정적 객관성을 위하여!"

우리가 따라 하면서 포도주잔을 쨍 소리가 나게 부딪친다. 원자들이 충돌하듯 진동하고, 음파가 퍼지고, 공기가 출렁이며 공간을 밀고, 분자들이 귓속에서 춤춘다.

모두가 화학 스피릿에
전염되는 그날까지!

감수의 글

화학자의 눈으로 들여다본 세상

처음 감수 의뢰를 받았을 때, 책의 제목 《세상은 온통 화학이야》를 보고 한참을 웃었던 기억이 납니다. 평소에 제가 학생들에게 강의할 때 제일 자주 하는 말이 "세상의 모든 것이 다 화학이다"거든요. 저 또한 학교에서 화학을 배우지 않는 비이공계학생들을 위한 〈생활 속의 화학〉이란 수업을 오랜 시간 동안 해오면서 화학이 얼마나 우리의 생활과 밀접한지 그리고 화학, 더 나아가 과학을 기본적으로 이해하는 것이 왜 우리의 삶에 꼭 필요한지를 강조해왔기에 저자가 책을 쓴 이유와 제목의 의미가 확 와닿았습니다.

베트남 출신으로 독일에서 화학을 전공한 화학 박사이자 사람들에게 화학을 널리 알리는 일을 하고 있는 화학 유튜버인 저자는 아침에 일어나면서부터 저녁 식사를 끝내기까지의 하루 일과를 화학의 눈으로 들여다봅니다.

잠을 깨는 순간의 인체 내 화학반응을 남편의 수면 패턴과 아침운동과 연관지어 '멜라토닌'이라는 멋진 화학 분자를 설명하고 불소가 함유되지 않은 치약을 사용하는 물리학자 남자친구와의 결별을 심각하게 고민하는 절친한 친구와의 대화를 통해서 치약에서 불소가 하는 역할을 비금속 원자들의 공유결합으로 설명해내는, 그리고 그 내용을 테플론 코팅이 된 프라이팬으로 달걀후라이를 해 먹는 과정으로 연결하는 저자의 글은 읽으면 읽을수록 더 재미있습니다.

저자의 흐트러진 책상에서 시작되는 이야기는 과학에서 제일 중요한 실험을 시행할 때 과학적으로 자료를 수집하고 분석하는 과정에 매우 중요한 위치를 차지하는 무작위 대조실험(Randomised Controlled Trial, RCT)과 이중 맹검법을 설명함과 동시에 범죄 예방의 중요한 축을 차지하는 '깨진 유리창 이론'의 한계를 언급하면서 우주에서 가장 근본적인 과학인 열역학과 열역학제2법칙을 정말 잘 이해할 수 있도록 설명해줍니다. 이 부분을 감수하면서는 '왜 난 이렇게 설명할 생각을 못했을까' 하고 스스로 반성도 하고 절대 0도를 설명한 부분을 보면서는 저와 같은 방법으로 설명하는 사람이 독일에도 살고 있다는 사실에 기분이 묘하기도 했습니다.

물론 과학을 공부하는 사람들이 순수하게 학문을 연구하는 학교나 연구소를 택하였을 때의 삶이 회사를 선택한 사람들의 삶보다 경제적으로 힘든 경우도 많고 학문적인 성과를 위해서 더 치열하게 스스로를 자극해야 하는 경우도 많습니다. 그럼에도 불구하고 과학을 연구하는 사람들은 '내게 남는 건 뭐지?'라는 지극히 당연한 질문에 저항하며 어찌 보면 소명의식에 가까운 목표를 가지고 연구와 실험에 최선을 다하는데, 저자는 지인 크리스티네를 통해서 연구하는 화학자의 고뇌와 노력을 구체적으로 보여줍니다. 이 부분을 읽으면서는 화학이란 분야에서 매우 놀라운 업적을 이루어낸 독일에서도 이런 차이가 난다는 게 좀 위로가 되었음을 고백합니다. 물론 크리스티네와 전화 통화를 하는 간단한 에피소드를 통해서 핸드폰에 포함된 화학을 설명하며 무기화학과 화학의 중요한 반응인 산화-환원 반응까지 완벽하게 녹여내는 저자의 화학 중독과 이를 뒷받침하는 재미있는 글솜씨는 보면 볼수록 놀라울 뿐이었습니다.

화학을 공부하고 학생들에게 가르치는 일을 직업으로 하는 제가 지구상에서 가장 특별하게 생각하는 물질이 바로 '물'입니다. 인체의 약 70% 정도를 차지하고, 태어나면서부터 너무나 가까이 접하고 있어서 당연하게 생각하는 물은 고체가 되었을 때 오히려 밀도가 가벼워지는 특이한 물질입니다. 물에

둥둥 떠 있는 얼음이 사실은 얼마나 진기하고 놀라운 광경인지요. 익숙한 일상을 새롭게 볼 수 있게 해주는 화학은 제게도 지구의 반대편 독일에 살고있는 저자에게도 정말 사랑스럽고 널리 알려주고 싶은 학문입니다. 원고를 읽으며 취향이 비슷한 친한 친구를 만난 것처럼 반갑고 친밀하게 느껴졌습니다.

몇 년 전부터 일상적으로 많이 사용되는 '케미가 맞다' 또는 '케미가 좋다'라는 말이 우리나라에서만 사용되는 건 아니더군요. '화학(chemistry)'의 앞부분을 떼어낸 '케미'라는 말은 어찌 보면 화학이란 학문의 전부를 표현하는 단어일 수도 있습니다. '화학'이 물질을 구성하고 있는 입자들의 본질과 결합 방식, 그리고 그 과정에서 출입하는 에너지를 모두 연구하는 학문이기 때문에 입자들이 하는 화학 반응은 결국 모든 물질이 서로 어우러지고 맞추어져가는 과정이라고 할 수 있습니다. 이 과정에서 서로 잘 어루어져 반응이 잘 일어나면 '케미가 좋은 반응'이, 그 반대라면 '케미가 나쁜 반응'이 되는 것입니다.

하지만 화학을 마냥 긍정적으로 바라보기에 우리의 일상은 너무나도 많은 단편적인 과학 지식들이 뒤죽박죽 엉켜 있다는 생각이 듭니다. 시작은 잘못된 장소에 적정하지 않은 양이 사용된 몇 가지 화학물질이 일으킨 사고였지만 객관적인 검증이 바탕되지 않은 단편적인 과학 지식과 그로 인한 오해, 그리고 두려움이 뭉쳐져서 '케모포비아(chemophobia)', 즉 화학물질에 대한 공포증이 널리 퍼지게 되었습니다. 화학을 사랑하고 학생들에게 가르치는 제게는 너무나 가슴 아픈 사회적 현상이 읽는 것만으로도 화학을 재미있게 배울 수 있는 이 책을 통해서 조금이나마 해소되기를 간절히 바라봅니다.

워낙 번역을 완벽하게 해주셨지만, 독일에서 공부한 저자가 쓴 내용과 단어들 중에서 몇몇 낯선 부분은 영어로 된 표기와 용어에 익숙한 우리나라 교육과정에서 사용되는 화학 용어를 병기해서 독자들의 이해를 돕고자 했습니다. 감수하는 원고를 진지하게 보아야 하는데 어찌나 재미있게 읽고 웃었는지 초등생과 유치원생인 두 아이가 엄마를 이상한 눈으로 보기도 했던 이번 여름은 제게도 오랫동안 행복한 기억으로 남을 것 같습니다. 여러분들도 이 책을 읽으시고 진심으로 '세상은 온통 화학이야'를 외치게 되길 바랍니다.

2019. 여름

김민경(한양대 교수)

1장

Lewy, A.J., Wehr, T.A., Goodwin, F.K., Newsome, D.A. & Markey, S.P. (1980). Light suppresses melatonin secretion in humans. *Science*, 210(4475), 1267-1269.

Herman, J.P., McKlveen, J.M., Ghosal, S., Kopp, B., Wulsin, A., Makinson, R., … & Myers, B. (2016). Regulation of the hypothalamic-pituitary-adrenocortical stress response. *Comprehensive Physiology*, 6(2), 603.

McEwen, B.S. & Stellar, E. (1993). Stress and the individual: mechanisms leading to disease. *Archives of internal medicine*, 153(18), 2093-2101.

Wilhelm, I., Born, J., Kudielka, B.M., Schlotz, W. & Wüst, S. (2007). Is the cortisol awakening rise a response to awakening? *Psychoneuroendocrinology*, 32(4), 358-366.

Wüst, S., Wolf, J., Hellhammer, D.H., Federenko, I., Schommer, N. & Kirschbaum, C. (2000). The cortisol awakening response-normal values and confounds. Noise Health, 7, 77-85.

Wren, M.A., Dauchy, R.T., Hanifin, J.P., Jablonski, M.R., Warfield, B., Brainard, G.C., … & Rudolf, P. (2014). Effect of different spectral transmittances through tinted animal cages on circadian metabolism and physiology in Sprague-Dawley rats. *Journal of the American Association for Laboratory Animal Science*, 53(1), 44-51.

van Geijlswijk, I.M., Korzilius, H.P. & Smits, M.G. (2010). The use of exogenous melatonin in delayed *sleep* phase disorder: a meta-analysis. *Sleep*, 33(12), 1605-1614.

Claustrat, B. & Leston, J. (2015). Melatonin: Physiological effects in humans. *Neurochirurgie*, 61(2-3), 77-84.

Zisapel, N. (2018). New perspectives on the role of melatonin in human *sleep*, circadian rhythms and their regulation. *British journal of pharmacology*.

Lovallo, W.R., Whitsett, T.L., Al'Absi, M., Sung, B.H., Vincent, A.S. & Wilson, M.F. (2005). Caffeine stimulation of cortisol secretion across the waking hours in relation to caffeine intake levels. *Psychosomatic medicine*, 67(5), 734.

Huang, R. C. (2018). The discoveries of molecular mechanisms for the circadianrhythm: The 2017 Nobel Prize in Physiology or Medicine. *Biomedical journal*, 41(1), 5-8.

Stothard, E.R., McHill, A.W., Depner, C.M., Birks, B.R., Moehlman, T.M., Ritchie, H.K., … & Wright Jr, K.P. (2017). Circadian entrainment to the natural light-dark cycle across seasons and the weekend. *Current Biology*, 27(4), 508-513.

3장

Meyer-Lückel, H., Paris, S. & Ekstrand, K. (eds.) Karies: Wissenschaft und Klinische Praxis. Georg Thieme Verlag, 2012.

Choi, A.L., et al. Developmental fluoride neurotoxicity: a systematic review and meta-analysis. *Environmental health perspectives* 120.10 (2012): 1362.

Bashash, Morteza, et al. Prenatal fluoride exposure and cognitive outcomes in children at 4 and 6-12 years of age in Mexico. Environmental health perspectives 125.9 (2017): 097017.

EFSA Panel on Dietetic Products, Nutrition, and Allergies (NDA). (2013). Scientific Opinion on Dietary Reference Values for fluoride. *EFSA Journal*,11(8), 3332.

4장

Tremblay, M.S., Colley, R.C., Saunders, T.J., Healy, G.N. & Owen, N. (2010). Physiological and health implications of a sedentary lifestyle. *Applied physiology, nutrition, and metabolism*, 35(6), 725-740.

Baddeley, B., Sornalingam, S. & Cooper, M. (2016). Sitting is the new smoking: where do we stand? Br J Gen Pract, 66(646), 258-258. (Die hier zitierte Übersetzung des englischen Originals stammt von Mai Thi Nguyen-Kim.)

World Health Organization. (2017). Noncommunicable diseases: progress monitor 2017.

Forouzanfar, M.H., Afshin, A., Alexander, L.T., Anderson, H.R., Bhutta, Z.A., Biryukov, S., … & Cohen, A.J. (2016). Global, regional, and national comparative risk assessment of 79 behavioural, environmental and occupational, and metabolic risks or clusters of risks, 1990-2015: a systematic analysis for the Global Burden of Disease Study 2015. *The Lancet*, 388(10053), 1659-1724.

Chau, J.Y., Bonfiglioli, C., Zhong, A., Pedisic, Z., Daley, M., McGill, B. & Bauman, A. (2017). Sitting ducks face chronic disease: an analysis of newspaper coverage of sedentary behaviour as a health issue in Australia 2000-2012. *Health Promotion Journal of Australia*, 28(2), 139-143.

Ekelund, U., Steene-Johannessen, J., Brown, W.J., Fagerland, M.W., Owen, N., Powell, K.E., … & Lancet Sedentary Behaviour Working Group. (2016). Does physical activity attenuate, or even eliminate, the detrimental association of sitting time with mortality? A harmonised meta-analysis of data from more than 1 million men and women. *The Lancet*, 388(10051), 1302-1310.

O'Donovan, G., Lee, I.M., Hamer, M. & Stamatakis, E. (2017). Association of "weekend warrior" and other leisure time physical activity patterns with risks for all-cause, cardiovascular disease, and cancer mortality. *JAMA internal medicine*, 177(3), 335-342.

Martin, A., Fitzsimons, C., Jepson, R., Saunders, D.H., van der Ploeg, H.P., Teixeira, P.J., … & Mutrie, N. (2015). Interventions with potential to reduce sedentary time in adults: systematic review and meta-analysis. *Br J Sports Med*, 49(16), 1056-1063.

Stamatakis, E., Pulsford, R.M., Brunner, E.J., Britton, A.R., Bauman, A.E., Biddle, S.J. & Hillsdon, M. (2017). Sitting behaviour is not associated with incident *Diabetes* over 13 years: the Whitehall II cohort study. *Br J Sports Med*, bjsports-2016.

Marmot, M. & Brunner, E. (2005). Cohort profile: the Whitehall II study. *International journal of epidemiology*, 34(2), 251-256.

Biswas, A., Oh, P.I., Faulkner, G.E., Bajaj, R.R., Silver, M.A., Mitchell, M.S. & Alter, D.A. (2015). Sedentary time and its association with risk for disease incidence, mortality, and hospitalization in adults: a systematic review and meta-analysis. *Annals of internal medicine*, 162(2), 123-132.

Van Uffelen, J.G., Wong, J., Chau, J.Y., van der Ploeg, H.P., Riphagen, I., Gilson, N.D., … & Gardiner, P.A. (2010). Occupational sitting and health risks: a systematic review. *American journal of preventive medicine*, 39(4), 379-388.

Stamatakis, E., Coombs, N., Rowlands, A., Shelton, N. & Hillsdon, M. (2014). Objectively-assessed and self-reported sedentary time in relation to multiple socioeconomic status indicators among adults in England: a cross-sectional study. *Bmj open*, 4(11), e006034.

Grøntved, A. & Hu, F.B. (2011). Television viewing and risk of type 2 *Diabetes*, cardiovascular disease, and all-cause mortality: a meta-analysis. *JAMA*, 305(23), 2448-2455.

Stamatakis, E., Hillsdon, M., Mishra, G., Hamer, M. & Marmot, M.G. (2009). Television viewing and other screen-based entertainment in relation to multiple socioeconomic status indicators and area deprivation: The Scottish Health Survey 2003. *Journal of*

Epidemiology & Community Health, jech-2008.

Hamer, M., Stamatakis, E. & Mishra, G.D. (2010). Television-and screen-based activity and mental well-being in adults. *American journal of preventive medicine*, 38(4), 375-380.

Pearson, N. & Biddle, S.J. (2011). Sedentary behavior and dietary intake in children, adolescents, and adults: a systematic review. *American journal of preventive medicine,* 41(2), 178-188.

Scully, M., Dixon, H. & Wakefield, M. (2009). Association between commercial television exposure and fast-food consumption among adults. *Public health nutrition*, 12(1), 105-110.

5장

Liljenquist, K., Zhong, C.B. & Galinsky, A.D. (2010). The smell of virtue: Clean scents promote reciprocity and charity. *Psychological* Science, 21(3), 381-383.

Vohs, K. D., Redden, J.P. & Rahinel, R. (2013). Physical order produces healthy choices, generosity, and conventionality, whereas disorder produces creativity. *Psychological Science*, 24(9), 1860-1867.

Open *Science* Collaboration. (2015). Estimating the reproducibility of *psychological* Science. Science, 349(6251), aac4716.

Price, D.D., Finniss, D.G. & Benedetti, F. (2008). A comprehensive review of the placebo effect: recent advances and current thought. *Annu. Rev. Psychol.*,59, 565-590.

Jewett, D.L., Fein, G. & Greenberg, M.H. (1990). A double-blind study of symptom provocation to determine food sensitivity. *New England Journal of Medicine*, 323(7), 429-433.

Benedetti, F., Lanotte, M., Lopiano, L. & Colloca, L. (2007). When words are painful: unraveling the mechanisms of the nocebo effect. *NeuroScience*, 147(2), 260-271.

6장

Yogeshwar, R. "What's in it for me?" Siehe: https://www.spektrum.de/kolumne/und-was-bringts-mir/1563312 oder: https://www.meta-magazin.org/2018/ 05/05/whats-in-for-me-oder-wieso-das-grassierende-kraemerdenken-die wissenschaft-bedroht/

Rohrig, B. (2015). Smartphones. *ChemMatters*, 11.

Buchmann, I. (2001). *Batteries in a portable world: a handbook on rechargeable batteries for non-engineers*. Richmond: Cadex Electronics.

Braga, M.H., M Subramaniyam, C., Murchison, A.J. & Goodenough, J.B. (2018). Nontraditional, Safe, High Voltage Rechargeable Cells of Long Cycle Life. *Journal of the American Chemical Society*, 140(20), 6343-6352.

7장

Asberg, M., Thoren, P., Traskman, L., Bertilsson, L. & Ringberger, V. (1976). Serotonin depression - a biochemical subgroup within the affective disorders? *Science*, 191(4226), 478-480.

Song, F., Freemantle, N., Sheldon, T.A., House, A., Watson, P., Long, A. & Mason, J. (1993). Selective serotonin reuptake inhibitors: meta-analysis of efficacy and acceptability. *Bmj*, 306(6879), 683-687.

Owens, M.J. & Nemeroff, C.B. (1994). Role of serotonin in the pathophysiology of depression: focus on the serotonin transporter. *Clinical chemistry*, 40(2), 288-295.

Whittington, C.J., Kendall, T., Fonagy, P., Cottrell, D., Cotgrove, A. & Boddington, E. (2004). Selective serotonin reuptake inhibitors in childhood depression: systematic review of published versus unpublished data. *The Lancet*, 363(9418), 1341-1345.

Fergusson, D., Doucette, S., Glass, K.C., Shapiro, S., Healy, D., Hebert, P. & Hutton, B. (2005). Association between suicide attempts and selective serotonin reuptake inhibitors: systematic review of randomised controlled trials. *Bmj*, 330(7488), 396.

Risch, N., Herrell, R., Lehner, T., Liang, K.Y., Eaves, L., Hoh, J., … & Merikangas, K.R. (2009). Interaction between the serotonin transporter gene (5-HTTLPR), stressful life events, and risk of depression: a meta-analysis. *JAMA*, 301(23), 2462-2471.

Karg, K., Burmeister, M., Shedden, K. & Sen, S. (2011). The serotonin transporter promoter variant (5-HTTLPR), stress, and depression meta-analysis revisited: evidence of genetic moderation. *Archives of general psychiatry*, 68(5), 444-454.

Aguilar, F., Autrup, H., Barlow, S., Castle, L., Crebelli, R., Dekant, W., … & Gürtler, R. (2008). Assessment of the results of the study by McCann et al. (2007) on the effect of some colours and sodium benzoate on children's behaviour. *The EFSA Journal*, 660, 1-54.

McCann, D., Barrett, A., Cooper, A., Crumpler, D., Dalen, L., Grimshaw, K., … & Sonuga-Barke, E. (2007). Food additives and hyperactive behaviour in 3-year-old and 8/9-year-old children in the community: a randomised, double-blinded, placebo-controlled trial. *The Lancet*, 370(9598), 1560-1567.

Schab, D.W. & Trinh, N.H.T. (2004). Do artificial food colors promote hyperactivity in children with hyperactive syndromes? A meta-analysis of doubleblind placebo-controlled trials. *Journal of Developmental & Behavioral Pediatrics*, 25(6), 423-434.

Watson, R. (2008). European agency rejects links between hyperactivity and food additives. *Bmj: British Medical Journal*, 336(7646), 687.

EFSA Panel on Food Additives and Nutrient Sources (ANS). (2016). Scientific Opinion on the re-evaluation of benzoic acid (E 210), sodium benzoate (E 211), potassium benzoate (E 212) and calcium benzoate (E 213) as food additives. *EFSA Journal*, 14(3), 4433.

8장

Brief von Erick M. Carreira: Hier lässt sich die Originalquelle nicht mehr re konstruieren. Der Brief wurde irgendwann geleakt und kursiert seitdem im Netz. Ein Foto davon findet man etwa unter: http://www.chemistry-blog.com/tag/carreira-letter/; die hier zitierte Übersetzung stammt von Mai Thi Nguyen-Kim.

9장

Zeng, X.-N., et al. Analysis of characteristic odors from human male axillae. *Journal of Chemical Ecology* 17.7 (1991): 1469-1492.

Fredrich, E., Barzantny, H., Brune, I. & Tauch, A. (2013). Daily battle against body odor: towards the activity of the axillary microbiota. *Trends in Microbiol* 21(6), 305-312.

The Chemistry of Body Odours-Sweat, Halitosis, Flatulence & Cheesy Feet. Compound Interest, 14. April 2014. Siehe: https://www.compoundchem.com/2014/04/07/the-chemistry-of-body-odours-sweat-halitosis-flatulence-cheesy-feet/

Suarez, F.L., Springfield, J. & Levitt, M.D. (1998). Identification of gases responsible for the odour of human flatus and evaluation of a device purported to reduce this odour. *Gut*, 43(1), 100-104.

Fromm, E. & Baumann, E. (1889). Ueber Thioderivate der Ketone. *Berichte der deutschen chemischen Gesellschaft*, 22(1), 1035-1045.

Baumann, E., & Fromm, E. (1889). Ueber Thioderivate der Ketone. *Berichte der deutschen chemischen Gesellschaft*, 22(2), 2592-2599.

Krewski, D., Yokel, R.A., Nieboer, E., Borchelt, D., Cohen, J., Harry, J., … & Rondeau, V. (2007). Human health risk assessment for aluminium, aluminium oxide, and aluminium hydroxide. *Journal of Toxicology and Environmental Health, Part B*, 10(S1), 1-269.

Bundesinstitut für Risikobewertung (2014). Aluminiumhaltige

Antitranspirantien tragen zur Aufnahme von Aluminium bei. Stellungnahme Nr. 007/2014. Siehe: http://www. bfr. bund. de/cm/343/aluminiumhaltigeantitranspirantien-tragen-zur-aufnahme-von-aluminium-bei. pdf.

Callewaert, C., De Maeseneire, E., Kerckhof, F.M., Verliefde, A., Van de Wiele, T. & Boon, N. (2014). Microbial odor profile of polyester and cotton clothes after a fitness session. *Applied and environmental microbiology*, AEM-01422.

10장

Hampson, N.B., Pollock, N.W. & Piantadosi, C.A. (2003). Oxygenated water and athletic performance. *JAMA*, 290(18), 2408-2409.

Eweis, D. S., Abed, F. & Stiban, J. (2017). Carbon dioxide in carbonated beverages induces ghrelin release and increased food consumption in male rats: Implications on the onset of obesity. *Obesity research & clinical practice*, 11(5), 534-543.

Vartanian, L.R., Schwartz, M.B. & Brownell, K.D. (2007). Effects of soft drink consumption on nutrition and health: a systematic review and meta-analysis. *American journal of public health*, 97(4), 667-675.

Mourao, D.M., Bressan, J., Campbell, W.W. & Mattes, R.D. (2007). Effects of food form on appetite and energy intake in lean and obese young adults. *International journal of obesity*, 31(11), 1688.

11장

Baggott, M.J., Childs, E., Hart, A.B., De Bruin, E., Palmer, A.A., Wilkinson, J.E. & De Wit, H. (2013). *Psychopharmacology* of theobromine in healthy volunteers. *Psychopharmacology*, 228(1), 109-118.

Judelson, D.A., Preston, A.G., Miller, D.L., Muñoz, C.X., Kellogg, M.D. & Lieberman, H.R. (2013). Effects of theobromine and caffeine on mood and vigilance. *Journal of clinical Psychopharmacology*, 33(4), 499-506.

Mumford, G.K., Evans, S.M., Kaminski, B.J., Preston, K.L., Sannerud, C.A., Silverman, K. & Griffiths, R.R. (1994). Discriminative stimulus and subjective effects of theobromine and caffeine in humans. *Psychopharmacology*, 115(1-2), 1-8.

Li, X., Li, W., Wang, H., Bayley, D.L., Cao, J., Reed, D.R., … & Brand, J.G. (2006). Cats lack a sweet taste receptor. *The Journal of nutrition*, 136(7), 1932S-1934S.

Li, X., Glaser, D., Li, W., Johnson, W.E., O'brien, S.J., Beauchamp, G.K. & Brand, J. G. (2009). Analyses of sweet receptor gene (Tas1r2) and preference for sweet stimuli in species of Carnivora. *Journal of Heredity*, 100(S1), 90-100.

Huth, P.J. (2007). Do ruminant trans fatty acids impact coronary heart disease risk. *Lipid technology*, 19(3), 59-62.

Joint, F.A.O. & Consultation, W.E. (2009). Fats and fatty acids in human nutrition. *Ann Nutr Metab*, 55(1-3), 5-300.

Nishida, C. & Uauy, R. (2009). WHO Scientific Update on health consequences of trans fatty acids: introduction. *European journal of clinical nutrition*, 63(S2), 1-4.

Simopoulos, A.P., Leaf, A. & Salem Jr, N. (1999). Essentiality of and recommended dietary intakes for omega-6 and omega-3 fatty acids. *Annals of Nutrition and Metabolism*, 43(2), 127-130.

Servick, K. (2018). The war on gluten.

Catassi, C., Bai, J.C., Bonaz, B., Bouma, G., Calabrò, A., Carroccio, A., … & Francavilla, R. (2013). Non-celiac gluten sensitivity: the new frontier of gluten related disorders. *Nutrients*, 5(10), 3839-3853.

Bomgardner, M.M. (2016). The problem with vanilla. *Chemical & Engineering News*, 94(36), 38-42.

12장

Zum Interview mit Richard Feynman gibt es ein YouTube-Video unter: https://youtu.be/ZbFM3rn4ldo; die Übersetzung des hier zitierten Ausschnitts stammt von Mai Thi Nguyen-Kim.

Marazziti, D. & Canale, D. (2004). Hormonal changes when falling in love. *Psychoneuroendocrinology*, 29(7), 931-936.

Mercado, E. & Hibel, L.C. (2017). I love you from the bottom of my hypothalamus: The role of stress physiology in romantic pair bond formation and maintenance. *Social and Personality Psychology Compass*, 11(2), e12298.

Cohen, S., Janicki-Deverts, D., Turner, R.B. & Doyle, W.J. (2015). Does hugging provide stress-buffering social support? A study of susceptibility to upper respiratory infection and illness. *Psychological Science*, 26(2), 135-147.

Murphy, M.L., Janicki-Deverts, D. & Cohen, S. (2018). Receiving a hug is associated with the attenuation of negative mood that occurs on days with interpersonal conflict. *PloS one*, 13(10), e0203522.

Pedersen, C.A. & Prange, A.J. (1979). Induction of maternal behavior in virgin rats after intracerebroventricular administration of oxytocin. *Proceedings of the National Academy of Sciences*, 76(12), 6661-6665.

Cho, M.M., DeVries, A.C., Williams, J.R. & Carter, C.S. (1999). The effects of oxytocin and vasopressin on partner preferences in male and female prairie voles (Microtus ochrogaster). *Behavioral NeuroScience*, 113(5), 1071.

Williams, J.R., Insel, T.R., Harbaugh, C.R. & Carter, C.S. (1994). Oxytocin administered centrally facilitates formation of a partner preference in female prairie voles (Microtus ochrogaster). *Journal of neuroendocrinology*, 6(3), 247-250.

Baumgartner, T., Heinrichs, M., Vonlanthen, A., Fischbacher, U. & Fehr, E. (2008). Oxytocin shapes the neural circuitry of trust and trust adaptation in humans. *Neuron*, 58(4), 639-650.

Ott, V., Finlayson, G., Lehnert, H., Heitmann, B., Heinrichs, M., Born, J. & Hallschmid, M. (2013). Oxytocin reduces reward-driven food intake in humans. *Diabetes*, DB_130663.

Guzmán, Y.F., Tronson, N.C., Jovasevic, V., Sato, K., Guedea, A.L., Mizukami, H., … & Radulovic, J. (2013). Fear-enhancing effects of septal oxytocin receptors. *Nature NeuroScience*, 16(9), 1185.

Guzmán, Y.F., Tronson, N.C., Sato, K., Mesic, I., Guedea, A.L., Nishimori, K. & Radulovic, J. (2014). Role of oxytocin receptors in modulation of fear by social memory. *Psychopharmacology*, 231(10), 2097-2105.

De Dreu, C.K., Greer, L.L., Van Kleef, G.A., Shalvi, S. & Handgraaf, M.J. (2011). Oxytocin promotes human ethnocentrism. *Proceedings of the National Academy of Sciences*, 108(4), 1262-1266.

Guastella, A.J., Einfeld, S.L., Gray, K.M., Rinehart, N.J., Tonge, B.J., Lambert, T.J. & Hickie, I. B. (2010). Intranasal oxytocin improves emotion recognition for youth with autism spectrum disorders. *Biological psychiatry*, 67(7), 692-694.

Young, L.J. & Barrett, C.E. (2015). Can oxytocin treat autism? *Science*, 347(6224), 825-826.

Owen, S.F., Tuncdemir, S.N., Bader, P.L., Tirko, N.N., Fishell, G. & Tsien, R.W. (2013). Oxytocin enhances hippocampal spike transmission by modulating fast-spiking interNeurons. *Nature*, 500(7463), 458.

13장

Wall, T.L., Thomasson, H.R., Schuckit, M.A. & Ehlers, C.L. (1992). Subjective feelings of alcohol intoxication in Asians with genetic variations of ALDH2 alleles. *Alcoholism: Clinical and Experimental Research*, 16(5), 991-995.

Cook, T.A., Luczak, S.E., Shea, S.H., Ehlers, C.L., Carr, L.G. & Wall,

T.L. (2005). Associations of ALDH2 and ADH1B genotypes with response to alcohol in Asian Americans. *Journal of Studies on Alcohol*, 66(2), 196-204.

Boffetta, P. & Hashibe, M. (2006). Alcohol and cancer. *The Lancet* oncology, 7(2), 149-156.

World Health Organization. (2018). Global status report on alcohol and health 2018. In: *Global status report on alcohol and health* 2018.

Bhandage, A.K. (2016). Glutamate and GABA signalling components in the human brain and in immune cells. *Digital Comprehensive Summaries of Uppsala Dissertations from the Faculty of Medicine* 1218. 81 pp.

Boileau, I., Assaad, J.M., Pihl, R.O., Benkelfat, C., Leyton, M., Diksic, M., … & Dagher, A. (2003). Alcohol promotes dopamine release in the human nucleus accumbens. *Synapse*, 49(4), 226-231.

Cordell, B. & McCarthy, J. (2013). A case study of *Gut* fermentation syndrome (auto-brewery) with Saccharomyces cerevisiae as the causative organism. *International Journal of Clinical Medicine*, 4(07), 309.

유튜브 스타 과학자의 하루
세상은 온통 화학이야

제1판 1쇄 발행 | 2019년 9월 24일
제1판 24쇄 발행 | 2024년 6월 5일

지은이 | 마이 티 응우옌 킴
옮긴이 | 배명자
감 수 | 김민경
펴낸이 | 김수언
펴낸곳 | 한국경제신문 한경BP
책임편집 | 윤혜림
저작권 | 박정현
홍보 | 서은실 · 이여진 · 박도현
마케팅 | 김규형 · 정우연
디자인 | 장주원 · 권석중
본문디자인 | 디자인 현

주소 | 서울특별시 중구 청파로 463
기획출판팀 | 02-3604-590, 584
영업마케팅팀 | 02-3604-595, 562 FAX | 02-3604-599
H | http://bp.hankyung.com E | bp@hankyung.com
F | www.facebook.com/hankyungbp
등록 | 제 2-315(1967. 5. 15)

ISBN 978-89-475-4515-0 03400

책값은 뒤표지에 있습니다.
잘못 만들어진 책은 구입처에서 바꿔드립니다.